MINISTÈRE DE LA GUERRE.

INSTRUCTION SPÉCIALE
POUR
LE TRANSPORT DES TROUPES DE CAVALERIE PAR LES VOIES FERRÉES.

(Approuvée par le Ministre de la guerre le 11 janvier 1886.)

Extrait du Règlement général pour les transports militaires par voies ferrées.

(Décret du 1er juillet 1874 modifié par décret du 29 octobre 1884.)

PARIS.
IMPRIMERIE NATIONALE.

1888.

MINISTÈRE DE LA GUERRE.

INSTRUCTION SPÉCIALE

POUR

LE TRANSPORT DES TROUPES

DE CAVALERIE

PAR LES VOIES FERRÉES.

(Approuvée par le Ministre de la guerre le 11 janvier 1886.)

Extrait du Règlement général
pour les transports militaires par voies ferrées.
(Décret du 1er juillet 1874
modifié par le décret du 29 octobre 1884.)

PARIS.

IMPRIMERIE NATIONALE.

1888.

RAPPORT

AU PRÉSIDENT DE LA RÉPUBLIQUE FRANÇAISE,

sur la revision du règlement du 1er juillet 1874 pour les transports militaires par chemins de fer.

Paris, le 29 octobre 1884.

MONSIEUR LE PRÉSIDENT,

L'expérience a fait reconnaître la nécessité d'apporter différentes modifications au règlement du 1er juillet 1874, pour les transports militaires par chemins de fer.

De plus, la publication du décret du 7 juillet 1884, portant création d'une Direction générale des chemins de fer et des étapes aux armées, a rendu indispensable la revision presque complète de la deuxième partie dudit règlement, intitulée: *Transports stratégiques.*

Ce travail de modification et de revision a été confié à la Commission Militaire Supérieure des chemins de fer (1), qui avait

(1) La Commission Militaire Supérieure était ainsi composée :

déjà été chargée de préparer la rédaction du règlement primitif.

J'ai l'honneur, Monsieur le Président, de vous soumettre aujourd'hui les résultats de ce travail, en vous priant, si vous les approuvez, de vouloir bien revêtir de votre signature le projet de décret ci-joint.

Veuillez agréer, Monsieur le Président, l'hommage de mon respectueux dévouement.

Le Ministre de la Guerre,
Signé : E. CAMPENON.

MM. Président : général de division, comte de La Jaille, sénateur;

Vice-Président : général de brigade, de Cools;

MEMBRES CIVILS :

MM. Gosselin, inspecteur général des ponts et chaussées;
le marquis de Vassart d'Hozier, ingénieur en chef des mines;
Jacqmin, directeur de la compagnie de l'Est;
Noblemaire, directeur de la compagnie de la Méditerranée.

MEMBRES MILITAIRES :

MM. Morlière, colonel commandant le 11e régiment d'artillerie;
Mensier, colonel commandant le 1er régiment du génie;
Leplus, lieutenant-colonel d'infanterie, chef du 4e bureau de l'État-Major général;
François, sous-intendant militaire;
de Foucault, capitaine de vaisseau.

Secrétaire-Rapporteur : M. Gonse, chef d'escadron d'artillerie, remplacé, par décision du 4 août 1884, par M. Henry, chef de bataillon du génie attaché à l'État-Major général.

DÉCRET

modifiant le règlement du 1er juillet 1874, sur les transports militaires par chemins de fer.

LE PRÉSIDENT DE LA RÉPUBLIQUE,

Vu l'article 26 de la loi du 24 juillet 1873, relative à l'organisation générale de l'armée;

La loi du 13 mars 1875, relative à la constitution des cadres et des effectifs de l'armée active et de l'armée territoriale;

La loi du 3 juillet 1877 sur les réquisitions militaires;

Vu le décret du 14 novembre 1872, constituant la Commission Militaire Supérieure des chemins de fer;

Les décrets des 1er juillet 1874 et 27 janvier 1877, portant règlement général pour les transports militaires par chemins de fer;

Les décrets des 23 décembre 1876, 18 juillet 1878 et 5 juillet 1881 sur l'organisation et le fonctionnement des sections techniques d'ouvriers de chemins de fer de campagne;

Le décret du 9 juin 1883 sur l'organisation des Directions militaires des chemins de fer de campagne;

Le décret du 7 juillet 1884, portant création d'une Direction générale des chemins de fer et des étapes aux armées;

Considérant que l'expérience a fait reconnaître la nécessité d'apporter différentes modifications au règlement du 1er juillet 1874 pour les transports militaires par chemins de fer;

Considérant que la publication du décret du 7 juillet 1884, portant création d'une Direction générale des chemins de fer et des étapes aux armées, a rendu indispensable la revision presque complète de la 2e partie du règlement pour les transports militaires par chemins de fer, intitulée *Transports stratégiques ;*

Sur le rapport du Ministre de la guerre,

DÉCRÈTE :

ARTICLE PREMIER.

Le règlement général du 1er juillet 1874 pour les transports militaires par chemins de fer est modifié conformément au texte dont la rédaction est annexée au présent décret.

ART. 2.

Le nouveau règlement ainsi modifié remplacera l'ancien, et il sera immédiatement mis en vigueur.

ART. 3.

Les Ministres de la guerre, de la marine et des travaux publics sont chargés, chacun en ce qui le concerne, de l'exécution du présent décret.

Fait à Paris, le 29 octobre 1884.

Signé JULES GRÉVY.

Par le Président de la République :
Le Ministre de la Guerre,
Signé E. CAMPENON.

Le Ministre de la Marine et des Colonies,
Signé A. PEYRON.

Le Ministre des Travaux publics,
Signé D. RAYNAL.

PRÉLIMINAIRES.

L'instruction spéciale pour le transport des troupes par les voies ferrées comprend :

1° L'instruction de détail ;

2° Les dispositions relatives aux exercices d'embarquement et de débarquement ;

3° Les dispositions générales pour la mise en route des détachements ;

4° Les renseignements sur le matériel de transport et les moyens d'embarquement ;

5° Les prescriptions relatives aux relations générales des agents de l'exploitation avec le chef de la troupe embarquée ;

6° Les règles militaires spéciales à chaque arme ;

7° La description des accessoires servant à l'embarquement, au transport et au débarquement des chevaux et du matériel.

La présente instruction a pour objet d'extraire du règlement général les dispositions qui s'appliquent spécialement à la cavalerie.

On devra rappeler aux officiers qu'en vertu des articles 122 et 123 du règlement, ils peuvent être appelés, en temps de guerre, à prendre la direction du train qui transporte leur troupe. En prévision de cette éventualité, ils auront à se pénétrer des règles édictées par l'ordre de service pour les signaux et la circulation des trains, afin de tenir compte, autant que possible, de ces règles dans les dispositions qu'ils auront à prendre.

TABLE DES MATIÈRES.

1° Dispositions relatives aux exercices d'embarquement et de débarquement.

2° Dispositions générales pour la mise en route des détachements.

3° Renseignements sur le matériel de transport et les moyens d'embarquement.

4° Prescriptions relatives aux relations générales des agents de l'exploitation avec le chef de la troupe embarquée.

5° Appendice II. Règles militaires relatives à l'exécution des transports de cavalerie.

INSTRUCTION SPÉCIALE

POUR

LE TRANSPORT DES TROUPES

DE CAVALERIE

PAR LES VOIES FERRÉES.

I.

INSTRUCTION DE DÉTAIL

POUR

LES EXERCICES D'EMBARQUEMENT ET DE DÉBARQUEMENT EN CHEMINS DE FER.

Les exercices d'embarquement et de débarquement, prescrits par l'article 4 du règlement général pour les transports militaires par chemins de fer, présentent une grande importance au point de vue de l'instruction des troupes. Ils ont dû, à diverses reprises, faire l'objet de prescriptions de détail qui, n'étant le plus habituellement que des commentaires du règlement, ne pouvaient trouver place, ni dans le règlement lui-même, ni dans ses appendices.

Ces différentes prescriptions ont été coordonnées et réunies ainsi qu'il suit :

SOMMAIRE.

1. Rapport trimestriel sur les exercices d'embarquement.
2. Effectif des troupes qui prennent part aux exercices.
3. Direction pratique à donner à l'instruction des troupes.
4. Instruction d'ensemble.
5. Embarquement de nuit.
6. Embarquement des fourgons, des voitures à bagages et des caissons de munitions.
7. Nombre d'hommes à placer dans les wagons aménagés.
8. Matériel à employer pour le transport des chevaux. — Nombre de chevaux à placer dans chaque wagon.
9. Composition des trains.
10. Placement des outils et des cantines médicales.
11. Rampes mobiles. — Pont volant.
12. Reconnaissance du matériel.
13. Bottillon d'exercices.
14. Cordes de poitrail.
15. Emploi des rampes mobiles en charpente et à longrines en fer.

1. — Rapport sur les exercices d'embarquement.

(Circulaire du 31 octobre 1876.)

Après chaque exercice, un rapport particulier sera établi sur une demi-page du modèle ci-après, auquel on ajoutera successivement les intercalaires nécessaires; à la fin de chaque trimestre, des observations d'ensemble seront inscrites sur la dernière page.

Une expédition comprenant tous les rapports journaliers sera annexée, *sous bordereau spécial* (1), au travail de la revue trimestrielle et une seconde expédition de ces mêmes rapports sera conservée au corps pour être présentée à l'inspecteur général.

L'inspecteur général joindra aux pièces de sa revue un rapport d'ensemble sur le degré d'instruction du corps, mentionnant les observations qui lui seront suggérées par l'examen des rapports trimestriels.

---

(1) Prescription nouvelle.

MINISTÈRE
LA GUERRE.

Format. { Rapport.... { Haut. 0^m,40. Larg. 0^m,25. } Intercalaires. { Haut. 0^m,40. Larg. 0^m,15. }

ÉTAT-MAJOR
GÉNÉRAL.

4e bureau.

• CORPS D'ARMÉE.

• DIVISION

• BRIGADE

• RÉGIMENT D

RAPPORT TRIMESTRIEL

SUR

ES EXERCICES D'EMBARQUEMENT
ET DE DÉBARQUEMENT
SUR LES VOIES FERRÉES.

près chaque exercice, un rapport particulier est établi une demi-page du modèle, auquel on ajoute successive-t les intercalaires nécessaires.

la fin de chaque trimestre, des observations d'en-ble sont inscrites sur la dernière page.

ne expédition comprenant tous les rapports particuliers annexée, sous bordereau spécial, au travail de la revue estrielle.

ne seconde expédition de ces mêmes rapports est con-ée au corps pour être présentée à l'inspecteur général. inspecteur général joint aux pièces de sa revue un rap-t d'ensemble sur le degré d'instruction du corps et tionne les observations qui lui sont suggérées par l'exa des rapports trimestriels.

Rapport particulier sur l'exercice du

Place ou ville de garnison		
Instruction préparatoire donnée aux troupes		
Heure de l'exercice (jour ou nuit)		
Emplacement de l'exercice,	à quai	
	en pleine voie	
Conditions d'aménagements des gares		
Éclairage de la gare et des cours		
Désignation de la troupe embarquée.	Bataillon	
	Escadron	
	Batterie	
	Section	
Nombre	d'hommes	
	de chevaux	
	de voitures	
COMPOSITION du train d'exercice en matériel.	Voitures de 1re classe	
	Voitures de 2e classe	
	Voitures de 3e classe	
	Wagons à marchandises	
	Écuries ou wagons à bestiaux	
	Trucs. Indiquer : les dimensions	
	si les côtés se rabattent	
	si les fonds sont ou non garnis de traverses saillantes	
DURÉE de l'embarquement.	1° Fractionnement de la troupe	
	2° Montage des rampes (pour les exercices en pleine voie)	
	3° Opérations de l'embarquement	
	4° Durée totale de l'exercice, depuis l'arrivée de la troupe à la gare jusqu'au départ supposé du train.	
DURÉE du débarquement.	1° Débarquement	
	2° Démontage des rampes (pour les exercices en pleine voie)	
	3° Reformation de la troupe avant son départ	
	4° Durée totale de l'exercice, depuis l'arrivée supposée du train jusqu'à la sortie de la gare	
Matériel spécial d'embarquement et de débarquement employé		
Matériel spécial qui a fait défaut		

OBSERVATIONS DU CHEF DE LA TROUPE
qui a été exercée.

SITUATION NUMÉRIQUE.

1° HOMMES.

		OBSERVATIONS.
Effectif présent............	"	Expliquer la différence, si elle existe.
Effectif de la troupe qui a pris part aux exercices...	"	
DIFFÉRENCE.........	"	

2° CHEVAUX ET VOITURES.

	CHEVAUX.	VOITURES.	OBSERVATIONS.
Totaux de la dotation de guerre des unités qui ont exécuté les exercices...............	"	"	Expliquer la différence, si elle existe.
Totaux sur lesquels ont roulé les exercices.....	"	"	
DIFFÉRENCE......	"	"	

OBSERVATIONS D'ENSEMBLE.

	DU CHEF DE CORPS.
	DU GÉNÉRAL COMMANDANT LA BRIGADE.

A , le 18 .

Le Général (1)

(1) De division *ou* inspecteur trimestriel.

2. — Effectif des troupes qui prennent part aux exercices.

Dans le but de permettre de reconnaître si l'instruction sur les embarquements reçoit dans les corps tous les développements qu'elle comporte, chaque rapport trimestriel est complété par la situation numérique, qui figure sur la dernière page du rapport avant les observations du chef de corps.

Les hommes ne pouvant être comptés qu'une seule fois, bien qu'ayant pris part à plusieurs séances, le nombre de ceux qui sont exercés devra être sensiblement égal à l'effectif présent. Les chevaux et les voitures, au contraire, doivent être comptés pour autant de fois qu'ils ont figuré dans les exercices, de telle sorte que, si l'on opère conformément aux consignes d'embarquement et d'après les indications des tableaux de fractionnement, les exercices devront rouler sur des nombres de chevaux et de voitures équivalents à ceux qu'indiquent les tableaux d'effectif de guerre des unités exercées.

Comme il est nécessaire de faire une distinction entre ces éléments, afin d'avoir une base exacte pour apprécier la marche de l'instruction, la situation comprend deux parties distinctes, l'une pour les hommes, l'autre pour les chevaux.

Les généraux chargés de l'inspection trimestrielle pourront, par la comparaison des chiffres portés dans cette situation, se rendre facile-

ment compte de la somme plus ou moins grande de travail fourni par la troupe qui aura exécuté ces exercices.

3. — Direction pratique à donner à l'instruction des troupes.

(Circulaires du 30 août 1874, 10 février 1877, 3 avril 1882, 26 juillet 1883.)

Il peut arriver, dans certaines localités, que les exigences du service des chemins de fer ne permettent pas aux compagnies de mettre le matériel et la voie à la disposition des corps pendant un temps assez long pour que l'instruction des troupes puisse recevoir le développement désirable; d'autre part, certaines fractions de troupe sont stationnées dans des garnisons qui sont actuellement en dehors des lignes de chemins de fer. Dans ces circonstances, les exercices préparatoires seraient insuffisants s'ils se bornaient à de simples simulacres de manœuvre; ils devront, au contraire, se rapprocher le plus possible des manœuvres véritables, ces dernières restant d'ailleurs le complément indispensable d'une instruction sérieuse.

On pourra obtenir à peu de frais une bonne instruction préparatoire en installant dans les petits polygones, dans les cours des quartiers ou dans tout autre terrain militaire disponible, au moyen de bois de démolition, les dispositifs décrits ci-après :

Embarquement et débarquement du matériel.

Pour figurer un wagon plat, on formera un cadre rectangulaire, de $2^{m},20$ de largeur et de 6 mètres de longueur, avec des madriers posés de champ. Afin de pouvoir, à volonté, enlever les madriers des petits côtés ou les placer à différentes distances de manière à faire varier la longueur intérieure du cadre entre $5^{m},40$ et 6 mètres, on glissera ces madriers dans des rainures formées au moyen de taquets, cloués de distance en distance sur les faces intérieures des madriers des longs côtés.

A l'intérieur du cadre, on placera de mètre en mètre, perpendiculairement aux longs côtés, des traverses saillantes de $0^{m},12$ d'équarrisage, établies de manière à pouvoir être enlevées à volonté.

Deux cadres seront placés à la suite l'un de l'autre, les petits côtés se faisant face, à 1 mètre de distance.

Un fossé, de 1 mètre de largeur au sommet et de 1 mètre de profondeur, sera creusé tout autour de l'espace occupé par les deux cadres; on figurera ainsi le vide existant entre les wagons et les quais d'embarquement qui se trouveront représentés par le terrain naturel.

Ce dispositif fournira le moyen d'appliquer les règles posées pour le chargement et le déchargement du matériel dans les différents cas prévus par le règlement, et en se plaçant dans les conditions très variables qui peuvent se présenter dans la pratique.

Si les localités permettent de placer un des côtés à 1 mètre au-dessus du terrain, on en profitera pour exercer les troupes à la manœuvre de l'embarquement et du débarquement du matériel en pleine voie ou dans une gare dépourvue de quai.

Dans ces exercices préparatoires, aussi bien que dans les manœuvres exécutées sur les voies ferrées, le matériel devra être *lesté au poids du chargement reglementaire.*

L'école d'artillerie pour les corps de cette arme, le service local du génie pour les autres armes, fourniront les bois nécessaires pour la construction des cadres.

Les accessoires comprenant:

3 ponts volants pour relier les trucs au quai;

2 ponts volants pour relier les trucs entre eux;

6 bouts de madriers;

Des cales de roues;

Des jarretières;

Et enfin, 1 rampe à longrines, si l'on peut simuler le débarquement en pleine voie (1), seront fournis par l'artillerie.

---

(1) Un certain nombre de rampes mobiles sont mises à la disposition des corps d'armée; elles doivent être envoyées successivement dans les différentes garnisons pour servir aux exercices des troupes de toutes armes, d'après une répartition arrêtée par le général commandant le corps d'armée (Circulaire du 16 mars 1876).

Embarquement et débarquement des chevaux.

Les exercices préparatoires, s'ils peuvent être faits dans des conditions réellement propres à familiariser les chevaux avec l'embarquement et le débarquement, présenteront une utilité incontestable.

A cet effet, on établira sur le sol un plancher de 5m,60 de longueur sur 2m,50 de largeur, formé de madriers posés sur des poutrelles. Autour de ce plancher, on élèvera une cloison de 1m,30 environ de hauteur, interrompue au milieu de chaque long côté, sur une largeur de de 1m,50 figurant l'entrée d'un wagon; sur chacun de ces longs côtés, on pratiquera, à 1 mètre de hauteur au-dessus du plancher, dix trous de 0m,025 de diamètre, devant servir au passage des longes, pour le cas où les chevaux seront placés transversalement. Quatre de ces trous permettront de placer les cordes de poitrail, dans le cas où les chevaux seront embarqués dans le sens longitudinal (1).

En avant de chacun des longs côtés, on tracera un fossé de 1 mètre de largeur au sommet et de 1 mètre de profondeur, de manière à figurer deux quais, comme cela est indiqué ci-dessus.

Si les localités permettent de placer un des longs côtés à 1 mètre au-dessus du terrain en

(1) L'embarquement des chevaux parallèlement à la voie étant devenu le cas général, tandis que l'embarquement dans le sens transversal n'est que l'exception, les exercices doivent surtout porter sur ce premier mode d'embarquement.

avant, on fera la manœuvre de l'embarquement et du débarquement des chevaux en pleine voie.

Les bois et accessoires (deux ponts volants, et s'il y a lieu, une rampe à longrines) seront fournis comme il a été dit ci-dessus.

Embarquement des hommes.

Des cadres rectangulaires de $5^m,50$ de long sur $2^m,40$ de large, figurés sur le sol d'une manière quelconque (à la pioche ou avec des cordeaux) et tracés à 1 mètre de distance les uns des autres, suffiront pour faire comprendre aux hommes les dispositions relatives au fractionnement et à l'embarquement de la troupe.

Instruction de détail.

Les troupes devront être familiarisées avec toutes les autres instructions de détail que comporte l'application du règlement, comme, par exemple, la confection des bottillons, l'embarquement des selles, le mode de relèvement des harnais, les dispositions à prendre lorsque les chevaux doivent voyager sellés, etc., de manière à être toujours prêtes à recevoir l'instruction d'ensemble, qui ne peut se donner que sur les voies ferrées.

4. — Instruction d'ensemble.

(Circulaire du 26 juillet 1883.)

Les quais mis à la disposition des corps pour leurs exercices ont été signalés comme étant souvent insuffisants. Cette circonstance tient généralement à ce que les quais sur lesquels s'effectueraient réellement les embarquement en cas de mobilisation, sont encombrés pour les besoins de l'exploitation commerciale, et que les compagnies de chemins de fer, comme du reste le prévoit le règlement (article 4), ne peuvent, par suite, prêter pour les exercices que des espaces assez limités.

En outre, les nécessités du service normal empêchent quelquefois les compagnies de fournir aux corps un nombre suffisant de wagons, et il en résulte que, dans plusieurs garnisons, les troupes n'ont pu être exercées que par fractions.

Ces exercices partiels, joints aux manœuvres préparatoires qu'on doit effectuer dans les casernes, n'en sont pas moins très intéressants et très importants; mais il est indispensable qu'une fois par an *au moins*, dans chaque corps, des unités entières, complétées à l'effectif de guerre au moyen d'emprunts faits aux fractions qui n'opèrent pas le même jour, puissent faire un exercice général, suivant les prescriptions du règlement. Dans ce cas, il sera utile de faire précéder l'embarquement de la troupe de toutes les dispositions qui doivent être prises en cas de départ réel, en combinant par conséquent les essais de mobilisation avec les exercices d'embarquement.

Dans la plupart des cas, en profitant des moments favorables et en ayant la précaution de se concerter à l'avance avec les agents des compagnies de chemins de fer, on pourra certainement obtenir la totalité du matériel nécessaire à l'embarquement d'une unité complète, et sans doute aussi opérer ces exercices sur les emplacements même désignés pour l'embarquement en cas de mobilisation. On devra alors se référer aussi exactement que possible aux dispositions prescrites par les consignes préparées en vue du temps de guerre.

Enfin, pour compléter les exercices exécutés dans les conditions ci-dessus indiquées, il y aura toujours grand intérêt à mettre en marche, pendant quelques kilomètres, les trains correspondant à des unités sur le pied de guerre; on aura ainsi la possibilité de s'assurer que toutes les dispositions réglementaires ont été prises pour l'arrimage du matériel et pour l'installation du personnel dans les meilleures conditions de transport. Cette mesure devra être appliquée toutes les fois que les circonstances et les dispositions des lieux le permettront; mais, comme il doit en résulter certains frais, notamment pour la mise en feu des machines, il devra en être référé *chaque* fois au Ministre (État-Major général, 4e Bureau). La proposition motivée du général commandant le corps d'armée devra indiquer en même temps le *montant approximatif de la dépense*, attendu que les crédits disponibles au budget ordinaire, pour le service des chemins de fer, sont trop limités pour qu'il soit possible d'engager une dépense de cette nature, sans en connaître à l'avance l'importance.

5. — Embarquement de nuit.

(Circulaire du 20 janvier 1876.)

Comme il est de la plus grande importance que les troupes soient familiarisées avec les difficultés spéciales que présentent toutes les opérations faites la nuit, afin qu'elles soient en mesure de les exécuter avec toute la célérité désirable et dans le plus grand ordre, il sera procédé, par les corps de toutes armes, à des exercices d'embarquement et de débarquement *de nuit.*

Pour ces opérations, qui ne doivent pas, en principe, se confondre avec les exercices visés au paragraphe 4, les troupes fourniront le plus fort effectif possible en hommes, chevaux et matériel, de manière à se rapprocher de l'effectif réglementaire de l'unité de transport déterminée par les règles du fractionnement.

Ces exercices feront l'objet d'un concert préalable entre l'autorité militaire locale et les agents des compagnies, de manière à n'entraver en aucune façon le service de l'exploitation ordinaire des chemins de fer, et à être entourés de toutes les précautions nécessaires pour assurer la complète sécurité des gares ainsi que des marchandises qu'elles renferment. Si la gare n'a pas de service de nuit proprement dit, les exercices devront être faits pendant que le personnel de la gare sera encore de service, c'est-à-dire avant 10 ou 11 heures du soir.

Le plus grand ordre doit constamment régner non seulement sur les quais et dans les cours, mais encore aux abords des gares où ont lieu les opérations. A cet effet, il pourra être établi des postes militaires spéciaux.

Pendant toute la durée des exercices, les quais et les cours doivent être éclairés d'une façon suffisante; la dépense qui en résulte est supportée par le Département de la guerre (service du chauffage et de l'éclairage). Chaque exercice donne lieu à l'établissement d'un bon d'éclairage du modèle ci-après. L'officier dirigeant les exercices remplit les cases relatives au nombre d'appareils allumés, signe le certificat d'exécution et remet le bon au représentant local de la compagnie, qui le complète. Cette pièce est destinée à être jointe au mémoire à produire en fin de trimestre par la compagnie intéressée, pour obtenir le remboursement de l'éclairage fourni.

Modèle du bon d'éclairage.

• CORPS D'ARMÉE.

NUIT

du 188 .

NOTA. Le présent bon devant être remis au payeur, copie conforme en sera faite pour appuyer le rapport de liquidation de la dépense.

EMBARQUEMENTS ET DÉBARQUEMENTS

SUR VOIES FERRÉES.

EXERCICES DE NUIT.

BON D'ÉCLAIRAGE.

CHEMIN DE FER d

GARE d

(1) S'il y a lieu.

(2) Heure, litre, kilog. ou mètre cube.

NOMBRE DES APPAREILS ALLUMÉS			DURÉE de l'exercice.	NOMBRE des heures d'éclairage.	CONSOMMATION horaire. (1)	QUANTITÉS de combustibles consommés. (1)	PRIX de l'unité. (2)	DÉCOMPTES.	OBSERVATIONS.
à l'huile végétale.	à l'huile minérale.	au gaz.							
TOTAUX.........									

Nous, soussigné (nom, grade, corps), certifions que le nombre des heures d'éclairage fournies par la compagnie du chemin de fer susindiquée est bien ....

A le 18 .

Nous, soussigné, représentant de la compagnie du chemin de fer susindiquée, déclarons que la somme à rembourser à ladite compagnie, pour l'éclairage fourni à la troupe pendant les exercices de nuit du s'élève à

A le 18 .

6. — Embarquement des fourgons, des voitures à bagages et des caissons de munitions.

(Circulaires des 31 juillet 1880, 3 avril 1882 et 26 juillet 1883.)

En cas de transport réel, on aura le plus grand intérêt à diminuer le nombre des wagons des trains militaires. Par suite, il est indispensable de charger les fourgons à bagages et à vivres, à raison de deux par truc, chaque fois que le matériel mis à la disposition des corps le permettra, en suivant les prescriptions de l'appendice IV du règlement général.

Comme cette opération n'est pas sans présenter certaines difficultés, les troupes devront être exercées, chaque fois que ce sera possible, à l'embarquement des fourgons à vivres et à bagages en ayant soin d'opérer avec des voitures chargées.

7. — Nombres d'hommes à placer dans les wagons aménagés.

(Circulaire du 3 avril 1882.)

A la suite d'expériences faites, au commencement de 1882, sur plusieurs réseaux avec des véhicules de dimensions différentes, il a été constaté que 32 hommes, quelle que soit l'arme à laquelle ils appartiennent, se trouvaient au large dans les wagons aménagés avec des bancs mobiles. Il y a donc lieu d'occuper exactement le nombre de places indiqué par le cartouche du wagon.

8. — Matériel à employer pour le transport des chevaux. — Nombre de chevaux à placer dans chaque wagon.

(Circulaire du 10 février 1877.)

Dès 1877, les changements introduits dans l'organisation des corps de troupe ont eu pour conséquence d'augmenter les effectifs. Il est, par suite, devenu indispensable de chercher à réduire au chiffre strictement nécessaire le nombre des véhicules qu'il faut employer pour embarquer les unités tactiques. On a, dès lors, été amené à examiner s'il ne serait pas possible de porter à 8, au lieu de 6, le nombre de chevaux de cavalerie de ligne ou de trait qui doivent être embarqués, en chemins de fer, dans le sens parallèle à la voie.

Des expériences ont été ordonnées, et elles ont eu lieu avec 14 chevaux d'artillerie et 14 chevaux de dragons. Embarqués au nombre de 8 et de 6 par voiture, dans 4 wagons pourvus d'anneaux, ces chevaux ont accompli en 52 heures, et sans être débarqués, un parcours de 1,054 kilomètres.

Les officiers et les vétérinaires qui ont voyagé avec ces détachements ont constaté que ceux des chevaux qui étaient placés par 8 avaient mieux supporté le voyage que les autres de même taille embarqués seulement au nombre de 6.

La commission supérieure qui était chargée de ces expériences a reconnu elle-même, à la descente des wagons, que les chevaux étaient en parfait état.

Ces résultats ont paru assez concluants pour motiver les modifications que comporte le texte nouveau de l'article 49 du Règlement général. Toutefois cette modification ne porte pas sur les chevaux de cavalerie de réserve (cuirassiers et gendarmes), attendu qu'il a été reconnu que l'on ne pourrait pas en embarquer plus de 6 dans le sens parallèle à la voie.

L'adoption de ces dispositions nouvelles a eu pour effet d'exclure à l'avenir tout autre mode de placement des chevaux dans les wagons ayant la dimension nécessaire, soit $5^{m},40$ au minimum. Ces wagons ont tous été munis de 12 anneaux d'attache, et chacun d'eux porte l'inscription suivante :

Hommes....................	32
Chevaux en long.............	8

Les wagons de dimension moindre peuvent toutefois être employés, le cas échéant, pour le transport des chevaux, mais alors l'embarquement se fait dans le sens perpendiculaire à la voie, et on calcule la contenance d'après les données moyennes insérées au règlement. (Appendice II, règle 11.)

9. — Composition des trains.

(Circulaire du 3 avril 1882.)

L'article 52 du Règlement général donne la composition des trains *spéciaux* militaires du temps de paix. Toutefois il a été reconnu que l'ordre des véhicules entre eux prescrit par cet article ne pourra pas toujours être observé; variant selon les nécessités locales, il sera réglé par les commissions d'études, d'après les dispositions de chaque gare de départ, afin de réduire, le plus possible, la durée des embarquements et de répartir d'une manière convenable les wagons à frein sur toute la longueur des trains.

Il y a lieu de tenir compte de ces dispositions diverses dans les exercices trimestriels, quand il s'agit de l'embarquement des unités constituées à l'effectif de guerre.

10. — Placement des outils et des cantines médicales.

(Circulaire du 26 juillet 1883.)

A la suite de différents exercices trimestriels, la remarque a été faite qu'aucune indication n'a été donnée par le règlement au sujet des places à attribuer aux outils et aux cantines médicales qui doivent être transportés par les mulets de bât.

Les outils peuvent facilement être placés sur les trucs, entre les roues des voitures, partout où ils ne gêneront pas. Le transport de ces outils, qui ne craignent ni la pluie ni l'humidité, ne doit présenter aucune difficulté. Il en est de même des cantines d'ambulance; du reste, il est à remarquer qu'elles sont remplacées, en principe, par des voitures d'ambulance, qui doivent trouver tout naturellement leur place sur les trucs comme les autres voitures.

11. — Rampes mobiles. Ponts volants.

(Circulaire du 26 juillet 1883.)

Des plaintes se sont souvent produites au sujet des rampes mobiles. L'insuffisance numérique, le mauvais état d'entretien ou les difficultés que présente le maniement de ces engins, ont été signalés à diverses reprises.

En ce qui concerne le premier point, il suffira, pour faire cesser les observations relevées, d'appliquer les dispositions des circulaires ministérielles des 16 mars 1876 et 31 juillet 1880, dispositions aux termes desquelles les rampes mobiles doivent être successivement envoyées, suivant les ordres du commandant du corps d'armée, dans les diverses villes de garnison pour servir aux exercices.

Pour le second point (mauvais état d'entretien du matériel), c'est aux généraux commandant les corps d'armée qu'il appartient d'adresser au Ministre des propositions motivées, avec devis estimatif à l'appui, toutes les fois qu'il y a lieu de faire réparer des rampes confiées à des corps de troupe ou à des établissements militaires. Quant à celles qui sont déposées sur les réseaux, les compagnies de chemins de fer ont reçu à leur sujet des instructions identiques.

On a signalé, en outre, les difficultés que présente le maniement de la rampe à longrines en fer, et la proposition a été faite de la remplacer, pour l'embarquement des chevaux, par une rampe en usage sur le réseau du Nord pour les bestiaux.

Des expériences faites à Versailles, sous la direction de la commission supérieure, avec des hommes *de petite taille* et choisis parmi ceux qui pouvaient être considérés comme les moins aptes aux manœuvres de force ont démontré, au contraire, que les rampes à longrines étaient d'un maniement facile et qu'aucun doute ne pouvait subsister à cet égard.

Quant à la rampe à bestiaux du Nord, laquelle se compose d'un plancher en bois monté sur deux petites roues, elle est facile à manœuvrer, et les balustrades qui la complètent en font un véritable pont sur lequel les chevaux s'engagent avec confiance. Mais, comme elle ne peut servir que pour les animaux, il faudrait avoir un autre matériel spécial pour les voitures, et par suite elle ne saurait remplacer la rampe à longrines en fer qui offre le grand avantage de pouvoir être employée indifféremment à l'embarquement des chevaux et à celui des voitures.

Enfin certains chefs de corps se sont plaints de l'insuffisance numérique et du peu de solidité des ponts volants mis à leur disposition.

La première observation disparaîtra dès que les approvisionnements de ponts du modèle adopté le 10 décembre 1880 auront été complétés par les compagnies.

L'état d'entretien des pont volants ancien modèle et celui des rampes mobiles doivent être constatés d'un commun accord, conformément à la circulaire du 1er mai 1882, ainsi qu'il va être dit ci-après, au commencement et à la fin de chaque exercice ou série d'exercices, par le chef de gare et les commandants de détachement, au moyen d'un rapport sommaire.

12. — Reconnaissance du matériel.

(Circulaire du 1er mai 1882.)

Diverses demandes de remboursement ayant été adressées au département de la guerre pour frais de réparation des ponts volants employés aux exercices d'embarquement, il a été reconnu nécessaire de préciser les conditions dans lesquelles ces demandes devraient se produire et de faire constater, à cet effet, au moment de chaque exercice, l'état exact du matériel.

Cette constatation doit s'effectuer d'un commun accord, par le chef de gare et les commandants de détachement, au commencement et à la fin de chaque exercice ou série d'exercices; elle permettra de reconnaître immédiatement si les dégradations survenues doivent être mises au compte du Département de la guerre ou laissées à la charge de la Compagnie.

Cette opération donnera lieu, à la suite de chaque exercice ou série d'exercices, à l'établissement d'un rapport du modèle ci-après :

Bien que cette reconnaissance doive s'appliquer tout particulièrement aux ponts volants, il doit être entendu que, si l'état de quelqu'autre partie du matériel mis à la disposition des corps paraissait nécessiter une constatation de même nature, il en sera fait mention dans la même forme et sur le même état que pour les ponts volants.

Le rapport, une fois complété et signé, sera remis au chef de corps, qui le fera parvenir au Ministre (État-Major général, 4e Bureau), par la voie hiérarchique, avec les rapports trimestriels sur les exercices d'embarquement.

(Modèle annexé à la Circulaire du 1er mai 1882.)

° CORPS D'ARMÉE.

—

° DIVISION.

—

° BRIGADE.

—

° RÉGIMENT DE

EXERCICES D'EMBARQUEMENT ET DE DÉBARQUEMENT EN CHEMINS DE FER.

Reconnaissance des ponts volants (1) mis par la Compagnie des chemins de fer de à la disposition du pour les exercices d'embarquement effectués le à la gare de

1° État du matériel avant les exercices.

2° État du matériel après les exercices, avec indication et imputation des dégradations survenues pendant lesdits exercices.

A , le 18 .

Le Chef de gare,
(Indiquer la qualité de l'agent.)

Le Chef de détachement,
(Indiquer le grade et le corps.)

(1) Cette reconnaissance pourra porter également sur les autres parties du matériel dont l'état paraîtrait devoir nécessiter une constatation analogue à celle qui est prescrite pour les ponts volants.

13. — Bottillons d'exercices.

(Circulaire du 19 avril 1877.)

Des expériences ont été faites en vue de déterminer l'importance des allocations de paille à faire aux troupes de toutes armes pour la litière des chevaux, ainsi que pour le chargement des selles et du matériel pendant les exercices d'embarquement et de débarquement en chemins de fer.

Ces expériences ont démontré la possibilité d'utiliser, dans les exercices de la cavalerie, la paille de litière pour plusieurs séances et les bottillons porte-selles pour toute une série annuelle d'exercices.

Une décision ministérielle du 19 avril 1877 a fixé, ainsi qu'il suit, les allocations à faire aux corps de troupe à cheval pour les exercices d'embarquement en chemin de fer, savoir :

Cavalerie.. { 500 grammes de paille par cheval et par séance, tant pour la litière que pour les bottillons porte-selles.

En vue de faciliter le service, la totalité de la paille nécessaire pour l'ensemble des exercices prescrits sera perçue en une seule fois et dans un délai qui permette aux corps de troupe de préparer à l'avance les bottillons.

Le reste de la paille sera mis en réserve pour être délivré, au fur et à mesure des besoins, le premier jour, pour constituer la litière des wagons, et les jours suivants, pour remplacer la paille mise hors d'usage dans les exercices précédents.

Dans le cas où, par suite de circonstances imprévues, un ou plusieurs des exercices prescrits n'auraient pas lieu, la paille perçue pour ces exercices serait restituée par le corps, par voie de déduction sur la première distribution à lui faire.

Les perceptions dont il s'agit seront régularisées suivant le mode indiqué par le règlement sur le service des subsistances; seulement les bons totaux et bordereaux porteront pour titre: *Distributions extraordinaires de paille faites pour exercices d'embarquement en chemin de fer.*

Confection : 1° des bottillons nécessaires à la mobilisation ; 2° des bottillons pour les exercices d'embarquement.

(Circulaire du 10 mars 1884.)

Aux termes du Règlement général (Appendice II, règle 3), les bottillons nécessaires pour recevoir les selles et pour amortir le choc des roues sur le plancher des wagons doivent être confectionnés à l'avance, et des dispositions ont été prises pour constituer les approvisionnements de paille destinés à la préparation de ces bottillons.

Comme mesure d'exécution, le Ministre a prescrit, à la date du 10 mars 1884, sur la proposition de la Commission Militaire Supérieure, que les approvisionnements de paille constitués en vue de la confection éventuelle des bottillons seraient mis immédiatement en distribution et que chaque corps procéderait sans retard à la préparation de tous les bottillons dont il aurait besoin au jour d'une mobilisation.

Le renouvellement de ce matériel sera assuré par l'emploi, aux exercices d'embarquement, des quantités indiquées ci-après. Les bottillons ainsi employés seront remplacés sur-le-champ au moyen de confections que l'on effectuera avec la paille nouvelle, délivrée conformément aux prescriptions de la circulaire ministérielle du 19 avril 1877.

Les troupes de toutes armes devant s'exercer à l'embarquement et au débarquement de toutes leurs voitures chargées réglementairement, il a paru indispensable de comprendre les corps d'infanterie et de cavalerie dans les distributions de paille d'exercice pour l'embarquement des voitures.

Afin de réduire ces distributions au strict nécessaire, les allocations fixées par la circulaire précitée du 19 avril 1877 sont augmentées de 35 kilogrammes par séance pour chaque régiment de cavalerie.

Pour faciliter les perceptions, on a évalué, d'après les dispositions qui précèdent, en nombre de bottillons, les allocations de paille accordées pour les exercices d'embarquement, allocations qui, dans la circulaire précitée du 19 avril 1877, étaient simplement définies par leur poids. Ces allocations seront, en conséquence, déterminées par les règles suivantes qui ne modifient pas sensiblement les quantités primitivement fixées et tiennent seulement compte des nouvelles quantités attribuées aux troupes de cavalerie pour l'embarquement de leurs voitures :

Cavalerie.
- Un bottillon de 1m,30 par séance et par groupe de 24 chevaux, tant pour la litière que pour les selles, le nombre de chevaux excédant le plus grand multiple de 24 ne donnant droit à aucune augmentation.
- Quatre bottillons de 0m,80 par séance et par régiment de cavalerie, pour l'embarquement du matériel.

En ce qui concerne l'emmagasinement, il conviendra d'y pourvoir de la manière suivante :

En principe, les bottillons seront mis en dépôt dans les magasins à fourrages soit en gestion directe, soit à l'entreprise, les plus à portée des corps.

Les comptables ou entrepreneurs délivreront à chaque corps un reçu des quantités qui leur seront ainsi confiées. Ils en assureront la conservation et devront les remettre immédiatement à la disposition du corps, sur la simple présentation de leur reçu et en échange de cette pièce.

Lors des renouvellements opérés comme il est dit ci-dessus, les reçus ne seront pas modifiés. L'opération consistera uniquement dans un échange : le corps apportera les bottillons confectionnés avec la paille distribuée pour les exercices d'embarquement et il recevra un même nombre de bottillons anciens.

Les corps dont les quartiers renferment des magasins à fourrages de distribution qui ne sont pas utilisés complètement par le service courant, pourront être autorisés à conserver leurs bottillons dans ces magasins si le commandant du corps d'armée le juge utile.

En aucun cas, ces objets, essentiellement combustibles, ne pourront être placés dans les greniers ou autres locaux disponibles des bâtiments, affectés soit au logement des hommes, soit aux accessoires du casernement.

L'affectation d'un local quelconque aux dépôts des bottillons devra, d'ailleurs, faire l'objet d'un procès-verbal de convenance établi par la commission de casernement, dans la forme prescrite par le règlement du 30 juin 1856, en ajournant toutefois, pour la première fois, la production dudit procès-verbal jusqu'à l'époque de l'établissement de la prochaine assiette du casernement.

14. — Cordes de poitrail.

(Circulaire du 10 février 1877.)

A la suite des expériences faites en 1877, on a reconnu qu'il était utile de tendre, en avant du poitrail des chevaux embarqués dans le sens parallèle à la voie, une corde de la grosseur d'une corde à fourrages.

Cette corde, de 16 mètres de long, sera tendue devant chaque rang de chevaux, en la faisant passer, plusieurs fois repliée, dans les anneaux des portes, de manière à maintenir les chevaux en avant du poitrail et à barrer en même temps une des deux portes. Il faut deux cordes-poitrail pour fermer complètement un wagon de chevaux.

Tous les corps de troupe devront immédiatement se pourvoir d'un approvisionnement de cordes suffisant pour l'embarquement des chevaux que comporte leur effectif de guerre (1). Ces cordes seront conservées dans les magasins de réserve et ne devront être distribuées qu'au moment d'un transport à effectuer ou d'un exercice à faire.

Les dépenses résultant de l'achat de ces accessoires seront supportées par les masses de harnachement et ferrage, pour les corps de troupes à cheval.

15. — Emploi des rampes mobiles en charpente et à longrines en fer.

L'embarquement ou le débarquement des troupes et du matériel de guerre transportés en chemin de fer peut s'effectuer :

Soit dans des gares pourvues de grands quais, soit dans des gares n'ayant que des voies de service, des quais très courts, ou même point

(1) Cet approvisionnement sera calculé à raison d'une corde pour 4 chevaux (sauf en ce qui concerne les régiments de cuirassiers, qui devront calculer à raison d'une corde pour 3 chevaux).

de quai, soit enfin dans de petites stations, ou même en pleine voie.

Ces opérations, dans les gares pourvues de grands quais, n'offrent aucune difficulté, et l'observation exacte des prescriptions du règlement suffit pour assurer le bon ordre et la promptitude de ces mouvements.

La présente instruction a pour but de donner les moyens d'exécution applicables aux deux autres cas qui viennent d'être indiqués.

1° Embarquement ou débarquement dans les gares n'ayant que de petits quais et des voies de service.

Si ces gares possèdent à la fois :

a) Des voies de service d'une longueur suffisante au garage d'un train militaire,

b) Des cours empierrées ou au moins une zone empierrée de quelques mètres de largeur,

c) Une prise d'eau permettant à la machine d'un train de s'alimenter après une halte un peu longue,

il est possible d'établir rapidement des moyens puissants d'embarquement ou de débarquement en amenant, quelques heures à l'avance, des *rampes en charpente* dont le mode d'emploi va être exposé ci-après (1).

(1) La description de la rampe en charpente figure à la note III du Règlement général.

Transport, montage et démontage des rampes en charpente.

Les rampes en charpente pour le chargement et le déchargement de la cavalerie seront emmagasinées dans les hangars spéciaux créés à cet effet dans certaines gares.

Lorsqu'on devra effectuer un chargement ou un déchargement dans une station dépourvue de quai, la gare de dépôt expédiera d'avance, si faire se peut, à la station désignée, le nombre de rampes nécessaires, à raison de 1 rampe pour 2 ou pour 3 wagons au plus.

Ces rampes seront chargées sur wagons plats; chaque wagon devra recevoir 5 rampes. L'agent préposé au chargement devra veiller particulièrement à ce que chaque wagon contienne toutes les pièces nécessaires pour constituer un nombre exact de rampes, y compris leurs ponts volants; les boîtes renfermant les coins et les ferrures ne devront jamais être séparées des autres pièces; elles seront arrimées avec soin, de manière à ne pas tomber en cours de route.

Les wagons plats destinés au chargement des rampes devront avoir une longueur d'au moins $5^{m},10$, mesurée à l'intérieur de la caisse.

Les rampes seront déchargées et montées, aussitôt leur arrivée, par les soins du service de la voie, sur l'emplacement qui sera indiqué par le chef de station, de manière à constituer un quai artificiel. L'emplacement devra être choisi de telle sorte que les chevaux et les véhicules puissent facilement évacuer la gare, en cas de déchargement, ou avoir accès aux rampes, en cas de départ.

Le montage s'effectue suivant les indications de la note III du Règlement général: on dresse le châssis parallèlement à la voie, à $0^m,90$ du rail; on place ensuite les longrines et les moises qui réunissent les longrines au châssis; on pose les madriers sur les longrines, puis les longerons sur les madriers, et on serre le tout avec les brides et les coins.

Le sommet du tablier de la rampe se trouve à $1^m,25$, l'extrémité inférieure à $0^m,30$ au-dessus du sol. Cette dernière différence est rachetée avec du ballast.

Si le plancher d'un wagon couvert ou celui d'un wagon plat à côtés tombants, ou si le rebord supposé fixe d'un wagon plat, sur lequel un chargement doit s'effectuer, se trouvait à moins de $1^m,25$ au-dessus du rail, on devrait pratiquer dans le sol, à partir de $0^m,90$ du rail et sur $3^m,50$ de longueur, une rainure parallèle à la voie et d'une profondeur suffisante pour qu'en établissant le châssis dans cette rainure, le sommet du tablier de la rampe mobile se trouve à environ $0^m,10$ au-dessous du plancher ou du rebord du wagon.

Les rampes seront établies parallèlement les unes aux autres. L'espacement des axes variera suivant la disposition de la gare, l'importance du train à décharger et le nombre de rampes disponibles.

Dans le cas où l'on reconnaîtrait, à l'arrivée du train, que la situation d'une ou de plusieurs rampes ne correspond pas exactement avec celle des wagons, la position de chaque rampe défectueuse serait corrigée successivement en ramenant cette rampe, à bras d'hommes, au droit du wagon correspondant. 15 hommes sont nécessaires pour effectuer cette opération: 2 d'entre eux maintiennent le châssis, 5 soulèvent la rampe en agissant sur l'une des longrines extrêmes, 5 autres opèrent de même sur l'autre longrine, 2 soutiennent les extrémités inférieures des longrines intermédiaires, et enfin le 15ᵉ surveille la manœuvre.

Si les wagons contenant les rampes n'ont pu être envoyés d'avance à la gare dans laquelle un déchargement de chevaux ou de matériel doit être effectué, on placera ces wagons ensemble en tête ou en queue du train.

Le train, à son arrivée à destination, sera garé immédiatement sur la voie sur laquelle le débarquement doit être opéré. On procédera tout d'abord au déchargement et au montage des rampes; on débarquera ensuite les chevaux et les voitures.

Les wagons sur lesquels étaient chargées les rampes seront conservés par la station pour servir au renvoi ultérieur de ces appareils.

Le déchargement d'un train à l'aide de rampes en charpente pourra s'effectuer en pleine voie dans des cas d'absolue nécessité; il faudra cependant que le terrain naturel soit à peu près au niveau du rail, la différence de niveau en contre-bas ne devant pas dépasser $0^{m},50$; il faudra, en outre, qu'il existe, à proximité de la voie, un chemin par lequel on puisse dégager les chevaux et le matériel. On choisira de préférence les passages à niveau.

Les rampes seront amenées avec le train, dans lequel prendront place les hommes chargés du montage desdites rampes, et le débarquement s'effectuera comme il est dit ci-dessus.

Aussitôt le débarquement terminé, les rampes seront démontées, rechargées sur wagon, et le train se rendra à la destination qui lui aura été indiquée.

Si la ligne est à double voie, on établira les rampes de manière à ne jamais obstruer la deuxième voie.

Chargement et déchargement des chevaux et du matériel.

L'embarquement et le débarquement des chevaux, avec les rampes en charpente, s'effectuent comme sur un quai ordinaire.

Pour charger les voitures, on les amène en face de la rampe; on dételle les chevaux, puis on monte les voitures sur la rampe et de là sur le wagon, où elles sont disposées conformément aux instructions spéciales à ce sujet.

Pour le déchargement, la voiture à décharger est tout d'abord tournée dans la direction de la rampe, puis on attache une prolonge à une des roues; on enroule cette prolonge une ou deux fois autour de l'essieu du wagon, et un ou deux hommes, en retenant le bout libre de la prolonge, empêchent la voiture de prendre une trop grande vitesse en descendant la rampe (pl. VI, fig. 10).

2° Embarquement ou débarquement dans de petites stations ou en pleine voie.

Pour effectuer les opérations d'embarquement ou de débarquement d'un train stationnant sur une voie principale, soit à la traversée d'une petite station, soit même en pleine voie, on emploie des rampes plus maniables que celles en charpente et formant plan incliné à partir du bord du wagon. Ces rampes dites *à longrines en fer* sont décrites à la note III du Règlement.

En général, elles sont conservées, en temps de paix, dans les magasins des compagnies de chemins de fer, et seront amenées sur place par les trains mêmes pour lesquels leur emploi aura été prévu.

II.

DISPOSITIONS
RELATIVES
AUX EXERCICES D'EMBARQUEMENT
ET DE DÉBARQUEMENT.

Art. 4 du règlement général.

Instruction des troupes.

Les troupes de toutes armes sont exercées à l'embarquement et au débarquement sur les voies ferrées.

Les compagnies de chemins de fer prêtent leur concours à ces exercices, pourvu toutefois qu'il n'en résulte pour elles ni dépense, ni trouble dans leur service habituel. A cet effet, les commandants de corps d'armée s'entendent avec les administrations centrales des compagnies, et les mesures de détail sont réglées, dans les villes de garnison, de concert entre les commandants de troupe et les agents locaux des compagnies.

Une instruction spéciale destinée à chaque arme, extraite du Règlement général et de ses appendices, sert de guide pour l'exécution de ces exercices qui prennent place dans l'instruction générale des troupes.

Les exercices sur les voies ferrées sont précédés d'exercices préparatoires faits dans les corps; ces derniers ont principalement pour but de familiariser les officiers et les hommes avec les opérations de la formation de la troupe le long d'un quai d'embarquement, du fractionnement des chevaux et de la troupe, du rangement des selles et du chargement des voitures.

Le général commandant le corps d'armée fixe chaque année au 1er avril, en raison des circonstances locales, le nombre des séances qui doivent être consacrées à cette instruction dans chaque corps de troupes.

Des *rapports particuliers sur les exercices d'embarquement et de débarquement sur les voies ferrées*, établis par les chefs de corps et annotés par les officiers généraux et inspecteurs, sont adressés au Ministre avec le travail des revues trimestrielles.

Chaque année, la Commission Supérieure adresse au Ministre un rapport d'ensemble résumant la manière dont cette importante instruction a été donnée aux troupes, et les observations auxquelles les rapports particuliers ont donné lieu.

III.

DISPOSITIONS GÉNÉRALES
POUR
LA MISE EN ROUTE DES DÉTACHEMENTS

Art. 12 du Règlement général.

Trains spéciaux. — Itinéraires.

Toutes les fois que les troupes doivent voyager en chemin de fer par train spécial, l'ordre de mouvement et l'itinéraire (modèle n° 2) leur sont envoyés par le général commandant le corps d'armée; une copie de l'itinéraire est adressée en même temps à l'intendant militaire.

Dans les trajets de longue durée, quand les circonstances le permettront, l'itinéraire doit être tracé de manière à ne pas obliger la troupe à passer deux nuits consécutives en wagon. Dans ce cas, l'arrivée au gîte a lieu autant que possible avant la nuit.

La nourriture des hommes et des chevaux est assurée par les dispositions prises dans chaque escadron avant le départ, et au besoin à l'arrivée au gîte.

Art. 13 du Règlement général.

Bons de chemin de fer.

Le fonctionnaire chargé du service de marche, après avoir préalablement constaté par une revue l'effectif des hommes et des chevaux, ainsi que le nombre des voitures à transporter, le poids du matériel et celui des bagages, établit autant de bons de chemin de fer (modèle n° 3) (1) que la troupe doit parcourir de sections de réseaux différents.

Toutes les fois que le parcours à accomplir sur un même réseau sera divisé en plusieurs transports séparés par des arrêts pendant lesquels la troupe sortira de la gare pour faire escale dans la localité, chaque transport partiel donnera lieu à l'établissement d'un bon distinct.

Les bons de chemin de fer indiquent le nombre des officiers, sous-officiers et soldats et celui des chevaux et voitures, le poids du matériel et des bagages, et, pour le personnel transporté, la classe attribuée en raison du grade.

Les officiers supérieurs voyagent en 1re classe, les officiers inférieurs en 2e et la troupe en 3e classe (2). Toutefois, lorsqu'un détachement

---

(1) Le *bon de chemin de fer* remplace la *réquisition* dont l'établissement était prescrit par la décision ministérielle du 6 novembre 1855.

(2) Il est attribué, sur le bon de chemin de fer, des places de 1re classe aux officiers du service d'état-major ou d'ordonnance, quel que soit leur grade, lorsqu'ils voyagent avec les officiers généraux auxquels ils sont attachés.

de troupe voyage par les trains ordinaires de l'exploitation, et que les officiers inférieurs ne sont pas en nombre suffisant pour occuper un compartiment complet de 2e classe, il leur est attribué sur le bon des places de 1re classe.

Le fonctionnaire chargé du service de marche délivre les bons de chemin de fer au chef de la troupe avec la feuille de route du détachement.

Ces bons sont ensuite remis aux agents des compagnies de chemins de fer par le chef de détachement, comme il est indiqué à l'article 59 du Règlement général.

Art. 15 du Règlement général.

Ordres à donner pour le transport des troupes par les trains de l'exploitation. — Avis de transport.

Si le transport à exécuter ne comporte pas la demande d'un train spécial et s'il peut être effectué par les trains ordinaires de l'exploitation, le soin de prévenir la gare de départ incombe au chef de corps ou de service auquel appartient le détachement ou qui le met en route.

A cet effet, aussitôt que ce chef de corps a reçu l'ordre de mouvement, il envoie à la gare de départ, dans les délais prescrits à l'article 27 ci-après, un avis de transport (modèle n° 4) que la gare lui retourne immédiatement avec la mention du train qui emmènera le détachement, et l'indication des circonstances principales du trajet. (*Arrêts de 10 minutes et au-dessus, changements de trains, etc.*)

Dès que le chef de corps a reçu l'avis de transport complété par le chef de gare, il en informe d'urgence l'autorité militaire supérieure qui a ordonné le mouvement, afin que celle-ci puisse donner avis des heures de départ, de passage ou d'arrivée, aux autorités militaires intéressées.

Le fonctionnaire chargé du service de marche au point de départ est avisé par le directeur du service de l'intendance qui a reçu communication de l'ordre émané du général commandant le corps d'armée; il délivre au chef de la troupe, sur le vu de l'ordre de mouvement, la feuille de route du détachement et les bons de chemin de fer (modèle n° 3), après la revue d'effectif mentionnée plus haut (1).

Art. 16 du Règlement général.

Dispositions à prendre en l'absence d'un fonctionnaire chargé du service de marche, autre qu'un maire.

Si l'absence, au point de départ, d'un fonctionnaire de l'intendance ou d'un suppléant

---

(1) La circulaire ministérielle du 23 février 1875 (*Journal militaire*, 1er sem. 1875, partie réglementaire, p. 87) donne les règles à suivre pour mettre les corps de troupes en route et tracer les itinéraires, conformément aux prescriptions des articles 14 et 15 du Règlement général. En ce qui concerne la mise en route des classes, ces dispositions sont rappelées dans une circulaire ministérielle autographiée, du 31 mars 1876, qui indique le détail des mesures à prendre et des avis à donner pour assurer la régularité des transports des détachements de recrues.

chargé du service de marche et l'urgence de l'embarquement ne permettent pas l'établissement du bon de chemin de fer, le chef de détachement produit au chef de la gare de départ l'ordre de mouvement dont il est porteur, et remet au chef de la gare d'arrivée, pour chaque réseau, une copie certifiée de cet ordre de mouvement avec un bon de chemin de fer signé de lui et portant les indications mentionnées au modèle n° 3.

Ces deux pièces sont valables en liquidation (1).

---

(1) *Dispositions relatives au transport des chevaux et mulets de remonte, par les chemins de fer, des lieux d'achat aux dépôts de remonte.*

Lorsque le lieu d'achat ne sera pas la résidence d'un sous-intendant ou d'un suppléant, le président du comité d'achat peut par application de l'article 16 du Règlement, embarquer les chevaux à destination du dépôt, en procédant de la manière suivante :

« Chaque chef de détachement chargé de conduire par les voies ferrées des chevaux ou mulets au dépôt de remonte de la circonscription sera porteur d'un ordre de mouvement délivré par le président du comité d'achat.

« Il produira cet ordre de mouvement au chef de la gare de départ et remettra au chef de la gare d'arrivée, pour chaque réseau ou section de réseau, un bon de chemin de fer, lequel aura été, au préalable, signé par le président du comité d'achat, au lieu et place du sous-intendant militaire, et portera les indications réglementaires.

« Ce bon sera extrait d'un registre à souche du modèle prescrit par le règlement, mais dont chaque feuillet de bon, ainsi que chaque talon, aura été timbré à l'avance au Ministère de la guerre d'un timbre portant comme inscription particulière : *Ministère de la guerre. — Remonte générale.*

« En outre, pour satisfaire aux prescriptions de l'article 16 précité, ce bon portera au verso, imprimée à l'avance au moyen

Art. 17 du Règlement général.

Bulletin de renseignements adressé à la Commission Supérieure.

Chaque transport de détachement exécuté par les trains ordinaires de l'exploitation, ou par train spécial, donne lieu, dès l'arrivée du détachement, à l'établissement d'un bulletin de renseignements (modèle n° 5) signé par le chef de corps et annexé par lui à son rapport des dix jours.

Art. 26 du Règlement général.

Limite de l'emploi des trains ordinaires de l'exploitation.

Tant que le transport des hommes, des chevaux, des bagages et des voitures n'exige pas l'emploi de plus de huit véhicules, l'autorité

---

d'une griffe, une copie de l'ordre de mouvement, laquelle sera remplie et certifiée conforme par le président du comité d'achat au moment de la remise au chef du détachement ». (Décision ministérielle du 15 décembre 1879, *Journal militaire*, partie réglementaire, 2e semestre 1879, n° 67.)

Par extension de ces dispositions, les commandants des dépôts de remonte situés dans les localités où ne réside pas un sous-intendant ou un suppléant sont autorisés à délivrer les bons de chemins de fer pour les détachements conduisant des chevaux aux corps. (Décision ministérielle du 3 août 1882, *Journal militaire*, partie réglementaire, 2e semestre 1882, n° 31.)

militaire peut, en se conformant aux mesures ci-après, se servir, au même titre que le public, des trains de l'exploitation renfermant des voitures de toutes classes.

Si l'addition de ces véhicules conduit à une composition de train supérieure à la composition normale, la compagnie double le train, sans qu'il en résulte pour l'administration de la guerre l'obligation de payer un train spécial.

Art. 27 du Règlement général.

Délais à observer.

Hors le cas d'urgence, l'expédition de tout détachement de plus de cinquante hommes, ainsi que de tout détachement ayant des chevaux et des voitures, doit être demandée à la gare de départ, par l'envoi d'un avis de transport (modèle n° 4), vingt-quatre heures au moins avant l'heure fixée pour son embarquement ; le détachement ne se rend à la gare que sur l'avis donné par cette dernière que le départ est assuré.

Ces dispositions sont applicables à tout détachement qui doit traverser Paris, quel que soit son effectif.

Un détachement, une fois accepté par les compagnies, ne peut être scindé en route pour être réparti dans des trains différents.

Art. 28 du Règlement général.

Précautions à prendre par l'autorité militaire dans la mise en route des détachements par voie ferrée.

L'autorité militaire qui signe la demande de train ou d'avis de transport doit s'assurer :

1° Que les gares de départ et d'arrivée sont munies des installations nécessaires pour l'embarquement et le débarquement du détachement, notamment en ce qui concerne les chevaux et les voitures ;

2° Que ce détachement trouvera à la gare de départ un train prenant des voyageurs de toutes classes sur le parcours à effectuer (1) ;

3° Que le train par lequel s'embarque ce détachement le conduira, soit directement, soit par des correspondances normales, à sa destination définitive.

Art. 29 du Règlement général.

Règles générales d'exécution des transports de détachement par les trains ordinaires de l'exploitation.

Tout mouvement de troupe fait à l'intérieur des gares doit être exécuté en ordre militaire ;

(1) Ces renseignements se trouvent dans l'*Indicateur des chemins de fer*, et, en cas d'incertitude, on se renseignera auprès des chefs des gares voisines.

les chefs de détachement sont responsables de l'observation de cette prescription.

La troupe pénètre en bon ordre dans les cours et les bâtiments des gares et se forme régulièrement sur le quai d'embarquement, vis-à-vis des wagons où elle doit prendre place.

Lorsque, en cours de route, la troupe doit descendre de voiture pour cause de transbordement ou de halte prolongée, elle se reforme sur le quai devant les wagons qu'elle occupait, et ne se met en mouvement que sur l'ordre de son chef, qui la dirige suivant les instructions qu'il a reçues ou les renseignements qu'il a pris.

Les chefs des détachements qui voyagent par les trains ordinaires de l'exploitation observent d'ailleurs, aussi rigoureusement que possible, les prescriptions qui leur sont tracées par les règles militaires pour les transports par trains spéciaux, toutes les fois que celles-ci sont applicables.

Art. 30 du Règlement général.

Traversée de Paris par les détachements.

La traversée de Paris par les détachements est soumise aux prescriptions suivantes :

1° Pour les détachements de vingt hommes et au-dessous, *sans matériel ni chevaux*, n'ayant que des bagages peu importants, la gare d'arrivée met *gratuitement* à leur disposition le nombre d'omnibus nécessaires, et on les transporte ainsi avec leurs bagages jusqu'à la nouvelle gare de départ;

2° Pour les détachements de plus de vingt hommes et pour tous les détachements avec *matériel et chevaux*, on met *gratuitement* à leur disposition, à la gare d'arrivée à Paris, un train spécial dans lequel ils se transbordent. Ce train est conduit par la Petite Ceinture jusqu'à la nouvelle gare de départ, où le détachement doit se transborder une seconde fois pour entrer dans les trains ordinaires de l'exploitation (A);

3° Ces prescriptions s'appliquent aux gares de Paris-Saint-Lazare, Paris-Nord, Paris-Est, Paris-Lyon, Paris-Orléans; mais elles ne s'appliquent ni à celle de Montparnasse-Vaugirard (Ouest) desservant la ligne de Bretagne, ni à celle de Paris-Bastille desservant la ligne de Vincennes, ni à la gare d'Enfer desservant la ligne de Limours (1).

Les détachements de plus de vingt hommes, et tous ceux qui ont des chevaux et du matériel, quel que soit leur effectif, destinés à la ligne de

---

(A) Dans ces deux transbordements, les hommes seuls changent de wagon, les chevaux et le matériel ne sont point débarqués et les véhicules qui les transportent sont ajoutés d'abord au train spécial formé sur la ligne de Petite Ceinture, et ensuite au train ordinaire qu'ils doivent emprunter à la nouvelle gare de départ pour continuer leur route.

(1) Les gares de Montparnasse-Vaugirard (Ouest) et d'Enfer (ligne de Limours) ne sont pas reliées avec le chemin de fer de Petite Ceinture; celle de Paris-Bastille n'est pas aménagée pour les transbordements prescrits plus haut.

Bretagne ou en provenant, passent par les Batignolles, en empruntant le raccordement de Viroflay.

Les détachements de même nature en provenance ou à destination de Vincennes s'embarquent ou débarquent à Charonne-marchandises, gare du chemin de fer de Petite Ceinture suffisamment aménagée. Dans les deux cas, le trajet de la gare de Charonne à Vincennes se fait à pied (1);

4° Le transit à travers Paris de tous les détachements *indistinctement* doit être annoncé télégraphiquement, avec l'indication de l'effectif (hommes, chevaux, matériel), par les soins de

---

(1) Les détachements de moins de vingt hommes sans chevaux ni matériel, traversant Paris, à destination ou en provenance de la ligne de Bretagne, débarquent ou s'embarquent à la gare de Montparnasse (Ouest); ceux à destination ou en provenance de la ligne de Limours débarquent ou s'embarquent à la gare d'Enfer; ils n'ont droit ni les uns ni les autres au transport gratuit en omnibus à travers Paris. La gare de Paris-Bastille n'ayant pas d'omnibus à sa disposition, les détachements en provenance de la ligne de Vincennes doivent traverser Paris à pied. Les détachements à destination de la ligne de Vincennes sont transportés gratuitement en omnibus quand leur point d'arrivée est l'une des gares de Paris-Saint-Lazare, Paris-Nord, Paris-Est, Paris-Lyon, Paris-Orléans.

Les détachements de plus de vingt hommes et tous ceux avec matériel et chevaux en provenance ou à destination de la ligne de Limours ne peuvent être transportés sur la Petite Ceinture et leur mouvement doit se faire par la Grande Ceinture, en utilisant la gare de Palaiseau comme gare de jonction.

Ces mêmes détachements en provenance ou à destination de la ligne de Vincennes s'embarquent ou débarquent directement sur la Petite Ceinture, à la gare de Charonne-marchandises, sans entrer en gare de Paris-Bastille.

la gare de départ, *au moins 24 heures à l'avance*, au chef de la gare d'arrivée à Paris. Ce dernier fait sans retard le nécessaire, suivant le cas, pour commander les omnibus ou pour aviser la direction du chemin de fer de Ceinture (1), qui aura à préparer un train spécial.

Dans le cas où le détachement doit traverser plusieurs réseaux avant d'arriver à Paris, c'est à la dernière gare de jonction qu'il appartient de donner l'avis ci-dessus;

5° L'autorité militaire, en déterminant les numéros des trains de grande ligne à emprunter, doit tenir compte des retards possibles et laisser un intervalle de quatre heures au moins entre l'heure de l'arrivée à Paris par une ligne et celle du départ de Paris par une autre ligne (2).

Le transport, soit par la voie ferrée du chemin de fer de Petite Ceinture, soit en omnibus,

---

(1) Rue de Londres, n° 16.

(2) La gare des Batignolles (Ouest) n'est reliée avec les gares de Versailles (Chantiers ou Matelots), tête des lignes de Bretagne (Rennes, Brest, Granville, etc.), que par le raccordement de Viroflay, qui n'est pas ouvert au service des voyageurs et sur lequel passent seuls les trains de marchandises. En conséquence, les détachements en provenance ou à destination des lignes de Bretagne, qui devront traverser Paris en empruntant les trains ordinaires de l'exploitation et la Petite Ceinture, seront dirigés sur les gares de Versailles (Chantiers) et des Batignolles, de manière à pouvoir emprunter les trains de marchandises prévus par les tableaux de service entre les Batignolles et Versailles (Chantiers).

Afin de faciliter l'établissement des itinéraires, les indications nécessaires sont portées, à chaque changement de service, à la connaissance des autorités militaires intéressées.

est absolument gratuit. Toutefois le chef du détachement doit être muni d'un bon de chemin de fer distinct. Cette pièce spécifie la gratuité du parcours (1).

En cas de mobilisation, les dispositions du présent article ne sont pas applicables aux détachements voyageant sans chevaux ni voitures. Ces détachements devront se rendre à pied de la gare d'arrivée à celle de réexpédition (2).

---

(1) Exemples de la division des bons de chemin de fer pour les détachements de plus de vingt hommes traversant Paris :

1er CAS. — Un détachement dirigé de Rennes sur Troyes (trois bons distincts) :

1er bon, de Rennes à Versailles (Chantiers) et à Batignolles.

2e bon, de Batignolles à Paris-Est (passage gratuit sur la Petite Ceinture).

3e bon, de Paris-Est à Troyes.

2e CAS. — Un détachement dirigé de Melun sur Vernon (trois bons distincts) :

1er bon, de Melun à Paris-Lyon.

2e bon, de Paris-Lyon à Paris-Saint-Lazare (passage gratuit sur la Petite Ceinture).

3e bon, de Paris-Saint-Lazare à Vernon.

3e CAS. — Un détachement dirigé de Vincennes sur le Havre (deux bons distincts) :

1er bon, de Charonne-marchandises à Paris-Saint-Lazare (passage gratuit sur la Petite Ceinture).

2e bon, de Paris-Saint-Lazare au Havre.

4e CAS. — Un détachement venant de Limours à destination de Châlons-sur-Marne (trois bons distincts) :

1er bon, de Limours à Palaiseau.

2e bon, de Palaiseau à Noisy-le-Sec (Grande Ceinture).

3e bon, de Noisy-le-Sec à Châlons-sur-Marne.

(2) Circulaire ministérielle du 15 mars 1878.

OBSERVATION. Chaque fois que les correspondances le permettront, et quand il devra en résulter une abréviation sensible dans la durée du trajet et une économie dans la dépense, les itinéraires des détachements devront toujours être tracés de manière à utiliser le chemin de fer de Grande Ceinture, en tenant compte de cette circonstance que le trajet sur la Grande Ceinture est taxé d'après les tarifs appliqués sur les grandes lignes.

Art. 32 du Règlement général.

Séjour des détachements hors des gares.

Dans les villes de garnison dont les gares servent de point de jonction ou de croisement à plusieurs chemins de fer, le commandant d'armes est prévenu à l'avance par le chef de gare du passage des détachements d'un effectif supérieur à vingt hommes, qui auraient à attendre plus de trois heures un train de correspondance.

S'il existe une caserne à proximité de la gare, et si cette caserne peut les recevoir, ces détachements y sont conduits par les soins du commandant d'armes.

S'il n'existe pas de caserne à proximité suffisante, ou si celles qui existent ne peuvent pas recevoir les détachements, le commandant d'armes se concerte avec la municipalité pour prendre les mesures les plus propres à abriter la troupe de passage; celle-ci ne doit séjourner dans la gare que dans le cas de nécessité absolue.

Pour les détachements d'un effectif inférieur à vingt hommes, lorsque les circonstances locales ne permettent pas de leur assurer un abri en dehors de la gare, dans une caserne ou un établissement municipal affecté d'une façon permanente à cet usage, les hommes sont maintenus dans le plus grand ordre dans les salles d'attente où le chef de gare les fait conduire. A cet effet, les chefs de détachement se mettent en relation, dès leur arrivée, avec le chef de gare, qui leur donne connaissance de la consigne locale et leur fournit les renseignements néces saires.

IV.

RENSEIGNEMENTS
SUR
LE MATÉRIEL DE TRANSPORT
ET
LES MOYENS D'EMBARQUEMENT.

Art. 48 du Règlement général.

Matériel à employer pour le transport des hommes.

1° Emploi des voitures à voyageurs.

Les voitures de 1re classe sont réservées aux officiers supérieurs, les voitures de 2e classe aux officiers inférieurs ; les sous-officiers et la troupe voyagent dans les voitures de 3e classe, à moins qu'il n'en soit disposé autrement par le bon de chemin de fer.

Les bons de chemin de fer mentionnent la classe des places qui doivent être attribuées aux fonctionnaires assimilés.

Pour les transports stratégiques, comme pour ceux exécutés d'urgence, l'observation de la règle qui précède n'est pas strictement obligatoire, et, à défaut de voitures de la classe à laquelle ils ont droit, les officiers de tout grade doivent s'embarquer *dans les voitures disponibles à l'heure fixée pour le départ du train.*

Par contre, si, à l'heure fixée pour le départ du train, les voitures de 3e classe font défaut pour le transport de la troupe, celle-ci doit être embarquée dans les voitures de 2e classe qui se trouveraient en gare.

Enfin, dans tous les trains spéciaux militaires, le commandant d'un corps ou d'un détachement peut autoriser les officiers inférieurs et les sous-officiers à occuper respectivement les places de 1re et de 2e classe qui demeureraient vacantes.

Ces exceptions n'entraînent, soit au profit de l'État, soit au profit des compagnies, aucune modification dans le décompte du bon du chemin de fer. Ce bon doit toujours être arrêté comme si chacun avait occupé la place à laquelle le règlement lui donne droit.

2° Nombre de places occupées dans chaque compartiment.

Les hommes voyageant sans leur équipement occupent dans les voitures à voyageurs le nombre de places indiqué dans chaque compartiment pour les voyageurs ordinaires.

Les hommes équipés et armés n'occupent dans chaque compartiment que huit ou neuf places sur dix; les places restantes sont destinées au rangement des effets; elles sont payées aux compagnies comme si elles étaient réellement occupées.

Les règles militaires indiquent dans quelles circonstances il y a lieu de placer huit hommes ou neuf hommes par compartiment de dix places.

3° *Emploi des wagons à marchandises pour les transports de troupe.*

Dans les mouvements de troupes importants, et notamment dans les transports stratégiques, les sous-officiers et la troupe peuvent être embarqués dans des wagons à marchandises couverts, si le nombre des voitures à voyageurs est insuffisant. Des dispositions sont prises pour que tous les hommes embarqués puissent être assis (Voir planches I et II). Les frais résultant de cet aménagement sont à la charge de l'administration de la guerre (1).

Les compagnies de chemins de fer font inscrire, sur chaque paroi longitudinale du wagon, dans un cartouche disposé à cet effet, le nombre d'hommes que ce wagon peut contenir. Ce chiffre s'applique à toutes les armes.

---

(1) Par application de ces dispositions, les compagnies de chemins de fer peuvent, lors des appels prévus par les articles 39, 42 et 43 de la loi du 27 juillet 1872 et par l'article 30 de la loi du 24 juillet 1873, et lors du renvoi des classes, faire usage des wagons aménagés pour le transport des isolés se rendant de leur domicile à leur première destination ou rentrant dans leurs foyers.

Il en est de même pour le transport des détachements expédiés soit par les bureaux de recrutement, soit par les corps.

Les hommes appelés sous les drapeaux ou renvoyés dans leurs foyers ne peuvent donc élever aucune réclamation contre l'emploi de ce matériel, et ceux qui refuseraient de monter dans les wagons dont il s'agit seraient signalés aux autorités militaires. (Décision ministérielle du 25 mai 1883).

Art. 49 du Règlement général.

Matériel à employer pour le transport des chevaux.

1° Wagons-écuries.

Les wagons-écuries à trois ou cinq stalles, avec compartiments pour les palefreniers ou gardiens, quand il y en a de disponibles, sont affectés par ordre de préférence au transport des chevaux des officiers généraux, des officiers supérieurs, des officiers inférieurs et des chevaux difficiles ; mais le nombre des véhicules de cette nature étant très restreint, leur fourniture n'est pas obligatoire pour les compagnies.

2° Wagons à bestiaux et à marchandises.

Les chevaux de l'armée sont habituellement transportés dans les wagons couverts que les compagnies emploient pour le transport des bestiaux et des marchandises; ils sont placés *parallèlement à la voie* (Voir planche III, *Transport en long*) *dans les wagons qui ont la longueur nécessaire,* 5m,40 *au minimum. Ces wagons ont été aménagés et sont reconnaissables au cartouche portant l'indication de leur contenance.*

Exceptionnellement, c'est-à-dire lorsque les wagons disponibles ont moins de 5m,40 *de longueur, les chevaux sont placés dans le sens perpendiculaire à la voie* (Voir planches IV et V, *Transport en travers*).

La contenance des wagons est alors calculée d'après les données moyennes qui sont indiquées à l'Appendice II. (Transports de cavalerie, Règle n° 11.)

Les wagons à employer pour le transport des chevaux doivent avoir au minimum 1m,70 d'ouverture en hauteur sous le linteau de la porte. Cette dimension suffit pour les chevaux dessellés de toutes armes.

Les wagons de 1m,80 peuvent recevoir les chevaux de cavalerie légère sellés avec le paquetage complet.

Les wagons de 1m,90 admettent les chevaux de cavalerie de réserve sellés.

En cas d'urgence, si les wagons couverts font défaut, on peut employer des wagons découverts à hautes ridelles.

Les wagons à frein à guérite sont admis pour le transport des chevaux et pour celui des selles lorsqu'il restera 1m,70 entre le plancher du wagon et le fond de la guérite. Ils sont exclus pour les chevaux, mais admis pour les hommes, si cette hauteur est moindre.

En règle générale, les chevaux voyagent dessellés; si, par exception, ils doivent voyager sellés, mention de cette circonstance doit être faite sur la demande du train.

Les selles sont rangées dans *les wagons où se trouvent les chevaux auxquels elles appartiennent, sauf le cas où les chevaux sont placés dans le sens perpendiculaire à la voie; elles sont alors rangées dans des fourgons à bagages ou dans des wagons à marchandises.*

3° Nombre de chevaux à placer dans chaque wagon.

Le nombre de chevaux qui peuvent être placés en long est inscrit dans le cartouche.

Ce nombre est applicable à la cavalerie de ligne, la cavalerie légère et les chevaux de trait; pour la cavalerie de réserve (*cuirassiers et gendarmes*), il est diminué de deux unités.

Art. 50 du Règlement général.

Matériel à employer pour le transport des bagages des corps, des voitures et du matériel de guerre.

1° Bagages des corps.

Les bagages des corps sont chargés dans les fourgons employés à cet usage dans le service de l'exploitation ou, à défaut, dans des wagons couverts à marchandises.

2° Voitures et matériel de guerre.

Les voitures d'artillerie, les équipages militaires, les équipages de pont, et généralement toutes les voitures employées par l'armée, sont chargés sur des wagons plats.

Les *règles militaires* font connaître le nombre de véhicules à placer sur chaque wagon et les mesures à prendre pour chaque nature de véhicules.

Les wagons doivent être, par les soins et aux frais des compagnies, pourvus de prolonges et de cales en bois destinées à assujettir les chargements.

Art. 51 du Règlement général.

Matériel qui peut être employé en cas d'urgence.

En cas d'ordre de départ subit, il peut être fait usage, pour le transport des hommes, de tous les wagons disponibles dans une gare, de quelque nature qu'ils soient.

Art. 52 du Règlement général.

Composition des trains.

Les tableaux suivants indiquent l'ordre dans lequel doivent être placés, autant que possible, les divers véhicules composant les trains pour le transport des différentes armes.

TRAINS D'INFANTERIE.

La locomotive avec le tender.
Le fourgon du chef de train, c'est-à-dire un wagon couvert et chargé des bagages d'officiers ou autres.
Une partie des voitures de la troupe.
La voiture des officiers.
La seconde partie des voitures de la troupe.
Un fourgon pour les bagages qui n'auront pu être chargés dans le fourgon du chef de train.
Les wagons pour les voitures régimentaires et les chevaux.
Une voiture à frein.

TRAINS DE CAVALERIE. (1)

La locomotive avec le tender.
Le fourgon du chef de train, c'est-à-dire un wagon couvert et chargé des bagages d'officiers ou autres.
Un wagon à selles.
Une partie des wagons à chevaux.
Un wagon à selles.
Une partie des voitures de la troupe.
La voiture des officiers.
La seconde partie des voitures de la troupe.
La seconde partie des wagons à chevaux.
Le wagon à fourrages.
Un wagon à selles.
Le wagon pour les voitures régimentaires.
Une voiture à frein.

(1) Les wagons à selles et à fourrages ne doivent être prévus, dans la composition des trains de cavalerie et d'artillerie, que lorsque le transport des chevaux se fait dans le sens perpendiculaire à la voie.

TRAINS D'ARTILLERIE.

La locomotive avec le tender.
Le fourgon du chef de train, c'est-à-dire un wagon couvert et chargé des bagages d'officiers ou autres.
Un wagon à selles.
Les wagons à chevaux.
Le wagon à fourrages.
Un wagon à selles.
La voiture des officiers.
Les voitures de la troupe.
Les wagons de matériel (les 3 derniers sans munitions).
Une voiture à frein.

Les véhicules des trains employés au transport des équipages de pont doivent, en raison de la nature spéciale des chargements, être disposés comme il est indiqué à la règle militaire n° 36 du Règlement général relative au transport de l'artillerie (Appendice III).

Les trains militaires dans la composition desquels il n'entre que quatre voitures à voyageurs sont, au point de vue du nombre total de véhicules, considérés comme trains de marchandises.

Lorsque les trains militaires comprennent plus de quatre voitures à voyageurs, *le nombre total des véhicules ne doit pas dépasser cinquante.*

Art. 55 du Règlement général.

Moyens d'embarquement et de débarquement des chevaux et des voitures.

Pour l'embarquement et le débarquement des chevaux et des voitures sur un quai, on emploie des ponts volants assez solides pour qu'ils ne fléchissent pas sous le poids des chevaux ou des voitures, et raccordant par une pente douce le plancher des wagons avec le terre-plein du quai, ou les wagons plats entre eux.

Ces ponts volants sont du modèle adopté par le Ministre de la guerre (1).

Pour l'embarquement ou le débarquement en pleine voie des chevaux et du matériel, on emploie des rampes mobiles. Ces rampes mobiles sont de deux modèles (1).

Les ponts volants sont fournis par les administrations de chemin de fer, les rampes mobiles par le Département de la guerre.

(1) Voir à la note 3 la description du pont volant et des rampes mobiles.

Les rampes mises à la disposition des troupes restent en dépôt, soit dans les gares, soit dans les magasins des places situées sur les chemins de fer ou dans ceux des corps, suivant les ordres du Ministre.

Les compagnies de chemins de fer doivent avoir, dans les gares désignées sur le tableau indicatif, note n° 2 du Règlement général, un approvisionnement de ponts volants. Le nombre de ces accessoires est calculé, dans chaque gare, en raison de la longueur des quais disponibles pour les embarquements.

Art. 56 du Règlement général.

Personnel chargé de l'embarquement et du débarquement du matériel et des manœuvres de gare.

Les bagages des corps, qui ne sont pas transportés sur les équipages régimentaires, sont chargés et déchargés par les hommes des gares, auxquels doivent être adjoints quelques hommes de corvée pris parmi les troupes à embarquer.

L'embarquement et le débarquement des chevaux, des voitures et du matériel de guerre sont effectués par les hommes de la troupe, auxquels doivent être adjoints quelques hommes d'équipe de la gare. Le brêlage des voitures se fait dans les mêmes conditions.

La manœuvre des wagons, l'accrochage et le décrochage sont exclusivement faits par les hommes des gares. Ces derniers doivent vérifier si les chargements de matériel peuvent passer sous le gabarit; le chef de train s'assure que le brêlage des voitures est suffisamment solide et le fait compléter, s'il y a lieu.

Quelques instants avant que l'ordre de monter en voiture soit donné à la troupe, les agents du train abaissent les vitres des portières, qui pourraient être brisées par le passage des sacs, des armes et autres objets que portent les hommes de troupe.

Quand les hommes sont montés en voiture, les agents du train ferment les portières, et la gare donne le signal du départ.

V.

RELATIONS GÉNÉRALES DES AGENTS DE L'EXPLOITATION AVEC LE CHEF DE LA TROUPE EMBARQUÉE.

Art. 59 du Règlement général.

Devoirs des officiers. — Devoirs des agents de l'exploitation.

Les relations générales des agents de l'exploitation avec le chef de la troupe embarquée reposent sur l'observation d'un double principe :

Les agents de l'exploitation n'ont à s'immiscer dans aucune question de discipline militaire, et le chef de la troupe embarquée ne doit intervenir en rien dans tout ce qui constitue les opérations techniques de formation ou de conduite du train.

Les opérations de l'embarquement au départ et du débarquement à l'arrivée s'effectuent, sous les ordres du chef de détachement, conformément aux règles militaires.

Aussitôt l'embarquement terminé et les portières fermées, la direction du train, pendant la marche jusqu'au moment de l'arrivée, appartient au chef du train exclusivement.

Dans les gares, les officiers s'abstiennent de donner directement des ordres aux agents du chemin de fer; ils s'adressent toujours au chef de service, à moins qu'il n'y ait une commission de gare, qui sera toujours, dans ce cas, l'organe de transmission des demandes à adresser au chemin de fer.

Les agents du chemin de fer doivent s'adresser exclusivement au commandant de la troupe embarquée ou au commissaire militaire de la gare.

A son arrivée à la gare de départ, le chef de détachement remet au chef de gare le bon de chemin de fer qui lui a été délivré avec la feuille de route, après avoir rempli et signé la mention relative à l'exécution du service. Il reçoit en échange un *billet collectif* qui lui assure le transport de son détachement jusqu'à destination (1).

Lorsque le chef de détachement a à consigner sur le bon de chemin de fer, soit des modifications survenues en route aux effectifs constatés au départ, soit toute autre circonstance du transport, cette pièce, qui doit accompagner

(1) Une note ministérielle du 4 décembre 1874, insérée au *Journal militaire* (partie réglementaire, 2e semestre 1874, n° 89), donne le modèle de billet collectif adopté d'un commun accord par les six grandes compagnies de chemins de fer. Ce modèle n'est pas obligatoire, et les chefs de détachement sont tenus d'accepter tout billet collectif qui leur serait délivré sous une autre forme.

le train, lui est représentée, à sa demande, pour qu'il y inscrive ses observations.

L'échange du bon de chemin de fer contre le billet collectif a lieu d'abord à chaque changement de réseau, et en outre, sur le même réseau, chaque fois que les arrêts effectués par la troupe donnent lieu à des bons distincts (article 13 du Règlement général).

Les mutations ou observations consignées sur le bon de chemin de fer sont inscrites au verso du billet collectif et signées contradictoirement par le commandant du détachement et par l'agent de la compagnie (chef de la gare où la mutation a lieu).

A son arrivée à destination, le commandant du détachement joint les billets collectifs au bulletin de renseignements (modèle n° 5) qu'il est tenu d'établir conformément aux prescriptions de l'article 17 du Règlement général.

Si, par suite de retards ou de toute autre cause accidentelle, le chef de gare ou le chef de train reconnaissent l'impossibilité de se conformer à l'itinéraire fixé, ils doivent en donner immédiatement avis au chef de la troupe et se concerter avec lui sur les modifications à apporter à cet itinéraire, notamment en ce qui concerne les arrêts à prévoir pour les repas à donner aux hommes

VI.

APPENDICE II.

(Règlement général.)

RÈGLES MILITAIRES

RELATIVES

A L'EXÉCUTION DES TRANSPORTS DE CAVALERIE.

Art. 60 du Règlement général.

Prescriptions générales.

Les règles militaires déterminent la conduite à tenir par les militaires de tous grades des troupes qui voyagent en chemin de fer.

La régularité du service en marche dépendant principalement de la régularité dans les opérations au départ, rien ne doit être négligé pour assurer cette régularité, et les commandants de détachement sont personnellement responsables de la ponctuelle observation des principes contenus dans le présent règlement.

1. — Envoi à l'avance à la gare de départ d'un officier préposé au chargement.

Aussitôt que le commandant d'une troupe a reçu l'ordre de mouvement accompagné de l'itinéraire, il envoie un officier (dit *préposé au chargement*) à la gare de départ pour se mettre en rapport avec le chef de gare et prendre connaissance des dispositions de détail arrêtées pour l'embarquement et le voyage.

Cet officier porte principalement son attention sur les points ci-après :

Trains par lesquels on doit faire partir le logement, s'il est nécessaire de l'envoyer à l'avance;

Abords des gares et accès des quais ou trottoirs désignés pour l'embarquement des hommes, des chevaux, des voitures et des bagages;

Étendue et disposition des emplacements où le corps peut se former pour faire les préparatifs d'embarquement ;

Mesures et dispositions de police à prendre pour maintenir l'ordre et faire observer les consignes et défenses ;

Nombre d'auxiliaires militaires qu'il y a lieu d'adjoindre aux hommes d'équipe pour le chargement des bagages.

2. — Ordres à donner par le chef de corps.

D'après le rapport de l'officier préposé au chargement, le chef de corps ou commandant du détachement donne des ordres pour la mise en marche de la troupe, en se conformant à celles des prescriptions du décret du 28 décembre 1883, sur le service intérieur des troupes de cavalerie (titre III: *Routes dans l'intérieur*), qui ne se trouvent pas en opposition avec le présent règlement.

Ces ordres concernent spécialement :

1° La composition du logement, s'il y a lieu de l'envoyer; l'indication du train par lequel il doit partir afin de précéder la troupe au lieu de destination ;

2° Les mesures à prendre pour assurer la subsistance de la troupe et la nourriture des chevaux le jour du départ et pendant la route, en tenant compte des haltes indiquées par l'itinéraire ;

3° La tenue pour la route;

4° La composition du détachement qui doit, avec le vaguemestre et les auxiliaires de corvée, accompagner les bagages à la gare, et celle d'une garde de police spéciale, placée autant que possible sous le commandement d'un officier ;

5° Le transport des bagages à la gare.

OBSERVATION. Le transport des bagages, leur transbordement d'une gare à une autre, s'il y a lieu, et leur enlèvement à destination sont effectués sur bon du sous-intendant, à défaut de voitures appartenant à l'administration militaire locale. A Paris, ce service est assuré soit par le train des équipages, soit par l'entreprise civile qui le remplace au besoin.

S'il arrive que, faute de temps, ces dispositions ne puissent être observées, afin d'éviter que la troupe ne parte par la voie ferrée sans ses bagages, le transport desdits bagages de la caserne à la gare et d'une gare à une autre peut être effectué par l'entreprise du camionnage de la ligne, sur bon signé du chef de détachement qui indique la nature et le poids des bagages.

La dépense accidentelle de ce transport est comprise dans les factures de transport de troupes établies par les compagnies de chemins de fer.

3. — Paille pour la litière et pour le chargement des selles.

Le corps doit se pourvoir à l'avance de la paille nécessaire : 1° pour garnir de litière chaque wagon à chevaux, à raison de 2^{k},500 par cheval ; 2° *pour faire des bottillons de paille, à raison d'un pour quatre selles, lorsqu'elles restent dans les wagons à chevaux, et à raison d'un pour cinq selles, lorsque ces dernières sont chargées dans des wagons spéciaux.*

Ces bottillons, de forme cylindrique, doivent être faits à l'avance par les corps. *Ils ont 1^{m},30 de longueur sur 1^{m},25 de tour et sont reliés par trois liens. On compte pour un bottillon 12 kilogrammes de paille.*

La paille pour litière et bottillons est fournie en dehors de la ration par les magasins militaires.

4. — Nourriture des chevaux et transport des fourrages à la gare.

Le dernier repas des chevaux doit avoir lieu deux heures au moins avant l'embarquement. On les fait boire après ce repas.

La nourriture des chevaux, pendant la route, se compose, par vingt-quatre heures, de

5 kilogrammes de foin et de 2 kilogrammes d'avoine (1).

Il est emporté du foin et de l'avoine en quantité variable suivant la durée du trajet et pour deux jours au plus. Après le deuxième jour, les distributions sont assurées par les soins de l'administration militaire.

La paille, le foin et l'avoine sont amenés à la gare par l'administration militaire, à moins que le corps ne dispose de moyens de transport spéciaux à cet usage.

5. — Tenue.

Les officiers et la troupe sont en tenue de route.

Le chef de corps indique si, en raison de la température, les cavaliers doivent porter le manteau en sautoir.

---

(1) Il convient de réserver un repas d'avoine, pour faire manger les chevaux le plus tôt possible après le débarquement.

Note ministérielle relative à l'interprétation du paragraphe 2 de la règle n° 4 de l'appendice 2 du Règlement du 1er juillet 1874 modifié, sur les transports militaires par chemins de fer. (Direction des Services administratifs ; bureau des fourrages et du chauffage.)

Paris, le 31 décembre 1885.

Le Ministre a été consulté sur la question de savoir quelle ration doit être allouée aux chevaux voyageant en chemin de fer en temps de paix quand la durée du trajet est inférieure à vingt-quatre heures, c'est-à-dire lorsque les animaux ne passent en chemin de fer qu'une partie de la journée de déplacement.

Le Ministre a pris à ce sujet la décision suivante :

Si, dans la même journée, le trajet en chemin de fer est précédé ou suivi de parcours par voie de terre d'une longueur totale de 12 kilomètres au moins, la ration de route est allouée à l'exclusion de celle dite de chemin de fer.

6. — Confection des étiquettes destinées aux selles.

Chaque cavalier doit être pourvu d'une étiquette en toile portant son nom et son numéro matricule. Cette étiquette, qui doit servir à faire retrouver par le cavalier, dans le wagon où elle est déposée, la selle qui lui appartient, est cousue en fourreau autour de la courroie de paquetage de gauche, de telle sorte que le nom soit lu facilement.

7. — Arrivée à la gare de l'officier préposé au chargement et du détachement des bagages.

Le jour du départ, l'officier préposé au chargement, accompagné d'un sous-officier désigné pour lui être adjoint, précède la troupe à la gare du temps nécessaire pour procéder à la reconnaissance du train et au numérotage des wagons.

Le détachement des bagages doit se trouver à la gare quelques instants avant la troupe ; il est composé des hommes à pied, des voitures régimentaires, des voitures de fourrages et de la forge de campagne.

Ce détachement est pourvu des accessoires d'embarquement suivants :

1° Jarretières ;

2° Bouts de madriers de 0m,50 à 0m,75 de longueur, à raison de quatre par escadron, servant à former des rampes pour faire franchir aux voitures les rebords fixes des trucs ;

3° Grandes cales de roues à section triangulaire, à raison de 4 par escadron, pour faciliter le passage des voitures par-dessus les traverses saillantes des trucs;

4° Manches de cales de $0^m,80$ de longueur, à raison de 4 par escadron.

Dans l'embarquement ou le débarquement en pleine voie, deux cavaliers suivent le mouvement de la voiture, et, pour permettre aux autres de se reprendre, maintiennent les roues avec les cales munies de manches.

Les hommes chargés de caler les roues se tiennent en dehors de la voiture et suivent les mouvements sans gêner les autres travailleurs;

5° Leviers de manœuvre de siège, à raison de 2 par escadron, pour faciliter le maniement du matériel, particulièrement pour aider à faire franchir aux voitures lourdes une traverse saillante, un rebord fixe, une rampe un peu raide.

Ces accessoires sont fournis par les directions d'artillerie, et, à défaut, les corps sont autorisés à en faire l'acquisition.

8. — Reconnaissance du train.

L'officier préposé au chargement, aidé du sous-officier adjoint, procède à la reconnaissance du train.

Il prend note de l'affectation et de la contenance de chaque wagon, dans l'ordre où ils sont placés à partir de la tête du train.

L'officier note également la position des wagons à selles, s'il y en a, en indiquant s'ils sont en tête, au milieu ou à la queue du train.

9. — Devoirs du sous-officier adjoint à l'officier préposé au chargement.

Le sous-officier adjoint numérote au fur et à mesure, à la craie, chacun des wagons et trucs, en suivant, pour les hommes, les chevaux et le matériel, une série distincte de numéros. Il inscrit en même temps, en regard des numéros d'ordre, la contenance de chaque wagon en hommes et en chevaux et la longueur de chaque truc.

Ces inscriptions se font :

1° Pour les wagons à voyageurs, sur le grand marchepied, entre les portières, pour que les chiffres ne soient pas effacés par les pieds des hommes ;

2° Pour les wagons à chevaux, sur le grand côté, à la place réservée à cet effet.

10. — Garde de police. — Étendard. — Caisse du corps.

La garde de police, placée sous le commandement d'un officier, est composée de : un maréchal des logis, un brigadier, un trompette, huit cavaliers.

Elle prend sous son escorte les brigadiers et cavaliers punis de cellule (art. 442 du décret du 28 décembre 1883, Troupes de cavalerie), et se rend à la gare en même temps que le détachement des bagages.

La garde de police doit être placée dans le wagon qui précède ou qui suit celui des officiers, avec les hommes punis placés sous sa garde.

L'officier qui commande cette garde monte dans le wagon des officiers.

L'étendard est placé, soit dans le wagon du chef de corps, soit dans celui des officiers, sous la garde du porte-étendard.

La caisse du corps est placée dans l'un des wagons contenant les bagages; dans ce cas, ce wagon est plombé en présence du commandant du détachement ou fermé à clef; la clef est remise à cet officier.

Le transport de ladite caisse s'effectue sans responsabilité pour les compagnies de chemins de fer, mais sans donner lieu à la perception d'aucune taxe au profit de ces dernières.

11. — Contenance des wagons.

Pour le transport des hommes.

Les soldats non équipés occupent dans les compartiments des wagons à voyageurs le même nombre de places que les voyageurs civils.

Quand les soldats voyagent équipés et armés dans les wagons à voyageurs, il est accordé :

Dix places pour huit hommes :

A la gendarmerie,

A la cavalerie de réserve;

Dix places pour neuf hommes :

A la cavalerie de ligne et à la cavalerie légère.

Toutefois, dans les trajets supérieurs à 150 kilomètres, il est également accordé à ces deux dernières armes dix places pour huit hommes.

Les places laissées vides sont utilisées pour le rangement des sacs, cuirasses, coiffures, outils, brides, etc.

Dans les wagons à marchandises aménagés pour les hommes, le chiffre de contenance inscrit sur les parois des wagons est applicable sans réduction aux troupes de toutes armes.

Pour le transport des chevaux.

1° *Dans le sens parallèle à la voie :*

Dans chaque wagon, on place six chevaux de cavalerie de réserve (cuirassiers et gendarmes), ou huit chevaux de cavalerie de ligne ou de cavalerie légère, ou huit chevaux de trait.

2° *Dans le sens perpendiculaire à la voie :*

Lorsque les wagons ne portent pas l'indication du nombre de chevaux qu'ils peuvent renfermer, l'embarquement se fait dans le sens perpendiculaire à la voie, et on calcule la contenance d'après les données moyennes qui suivent :

Un cheval dessellé de cavalerie légère occupe en largeur environ........... $0^m,55$ à $0^m,60$

Idem, sellé................. $0^m,60$ à $0^m,65$

Un cheval dessellé de cavalerie de ligne ou de réserve, un cheval de trait avec ses harnais, dessellé....................... $0^m,60$ à $0^m,65$

Idem, sellé................. $0^m,75$ à $0^m,80$

Observations.

A moins d'ordre formel de l'autorité supérieure, les chevaux sont toujours dessellés pour voyager sur les voies ferrées. Dans les longs trajets surtout, cette mesure est indispensable pour la santé des chevaux et la conservation du harnachement.

Les chevaux d'attelage conservent leurs harnais.

Les selles sont rangées dans les wagons où se trouvent les chevaux auxquels elles appartiennent. Si les chevaux sont placés dans le sens perpendiculaire à la voie, elles sont chargées dans des wagons spéciaux, à raison d'une soixantaine par wagon, comme il est dit plus loin.

Les sacs d'avoine sont conservés dans les wagons à chevaux, excepté dans le cas où les chevaux sont disposés perpendiculairement à la voie; on les met alors dans les wagons à selles.

Les bottes de foin sont embarquées dans un wagon couvert spécial.

On compte deux gardes d'écurie par chaque wagon à chevaux.

Lorsque les chevaux sont placés dans le sens de la voie, les gardes d'écurie s'asseoient sur l'extrémité des bottillons porte-selles auxquels on donne à cet effet $1^{m},30$ de longueur. Si les chevaux sont placés transversalement, les gardes d'écuries ont pour s'asseoir des strapontins (1) fournis par les compagnies de chemins de fer,

(1) Voir à la note 3 la description du strapontin.

12. — Accessoires pour l'embarquement.

La reconnaissance du train doit s'étendre à tous les accessoires nécessaires pour l'embarquement : escabeaux pour les hommes quand ils doivent voyager dans les wagons à marchandises qui ne sont pas munis de marchepied, ponts volants pour les chevaux et le matériel, rampes mobiles, cales en bois pour assujettir le chargement. L'officier préposé au chargement doit s'assurer que ces accessoires sont en nombre suffisant et en bon état.

13. — Embarquement des bagages.

A l'arrivée des bagages à la gare, l'officier préposé au chargement dirige le vaguemestre avec le convoi sur le point où doit s'opérer l'embarquement des voitures et des bagages. Les chevaux sont aussitôt dételés et conduits au lieu désigné pour l'embarquement de tous les chevaux.

Le chargement des voitures, du fourrage et des bagages se fait sous la surveillance du vaguemestre par les soins des hommes à pied, avec l'aide des employés du chemin de fer.

Les hommes à pied rejoignent le détachement dès que le chargement est terminé.

14. — Arrivée de la troupe à la gare.

La troupe arrive au point désigné pour l'embarquement une heure et demie avant le départ.

Ce délai doit être observé avec la plus grande rigueur.

A l'arrivée de la troupe, l'officier préposé au chargement remet au commandant un état indiquant, dans l'ordre des numéros, la destination et la contenance des wagons ainsi que les dimensions des trucs.

15. — Formation de la troupe, fractionnement et dispositions à prendre pour l'embarquement des chevaux.

La troupe pénètre sur le quai d'embarquement en colonne par un; le commandant du détachement la forme ensuite en bataille sur un rang, chaque cavalier du deuxième rang se plaçant à gauche de son chef de file. Les cavaliers ont soin de ne pas se serrer. Les sous-officiers serre-files et les trompettes entrent dans le rang.

Le commandant divise ensuite les chevaux en fractions correspondant à la contenance des wagons, d'après l'état que lui a remis l'officier préposé au chargement.

Il dénomme chaque fraction, premier, deuxième, troisième, etc. wagon, d'après sa position sur la ligne de bataille, et désigne au fur et à mesure un sous-officier ou un brigadier pour diriger l'embarquement de chaque fraction.

Il indique en même temps, s'il y a lieu, aux chefs de peloton les wagons où doivent être déposées les selles.

Les officiers font placer leurs chevaux à leur convenance, parmi ceux de leurs pelotons respectifs, ou bien les réunissent en fractions séparées pour être embarqués dans un wagon spécial, selon l'ordre du commandant.

Ils dirigent les détails du mouvement.

Le fractionnement terminé, le commandant fait mettre pied à terre et former les fusils et sabres en faisceaux, assez loin de la croupe des chevaux pour qu'ils ne courent pas risque d'être renversés. Les casques et les cuirasses sont déposés à côté des faisceaux.

Le commandant donne ensuite l'ordre de desseller.

Les deux cavaliers d'une même file s'entr'aident pour cette opération, chacun tenant à son tour les deux chevaux pendant que l'autre desselle.

Le poitrail, la sangle le feutre et la couverture sont relevés sur le siège de la selle et maintenus par le surfaix de sangles, auquel on fait faire un tour ou deux pour mieux serrer le tout.

Les étriers sont relevés et attachés. Les selles sont déposées à terre en arrière du rang et ne sont chargées qu'après l'embarquement des chevaux.

Les chevaux restent bridés.

N. B. Lorsque les chevaux doivent être transportés dans le sens perpendiculaire à la voie, on prend les dispositions suivantes :

La troupe étant pied à terre et les faisceaux formés, le commandant envoie dans chaque wagon à selles un sous-officier et quatre hommes à pied qui ont dû recevoir au quartier une instruction spéciale pour le rangement des selles, puis il ordonne de desseller.

Les selles, disposées comme il a été dit ci-dessus, sont rangées à terre devant les hommes; le commandant donne l'ordre de les porter aux wagons.

Les cavaliers de chaque file portent successivement leurs selles au wagon qui leur a été désigné et reviennent aussitôt auprès de leurs chevaux.

Dans ce mouvement, le cavalier restant dans le rang tient les deux chevaux.

OBSERVATION. Quand les dimensions des wagons le permettent et que, par exception, l'ordre est donné de faire voyager les chevaux sellés, on dispose le paquetage de la manière suivante :

Remonter les étriers jusqu'à la mortaise sans rien déboucler; les maintenir dans cette position en passant l'étrivière doublée dans leur semelle.

Les chevaux sont toujours sanglés; le poitrail reste en place.

16. — Chargement des wagons à selles.

Le sous-officier chef de chaque wagon à selles, après avoir fait mettre les armes de ses hommes en lieu de sûreté, fait disposer onze bottillons dans le wagon, perpendiculairement aux grands côtés, six le long de la paroi opposée à la porte, trois d'un côté de la porte et deux de l'autre (1);

---

(1) Ce calcul suppose l'emploi de wagons de 4m,20 à 4m,50 de long. Les wagons de plus grande dimension peuvent contenir un plus grand nombre de piles de selles; pour en calculer le nombre, on doit tenir compte d'un écartement de 70 centimètres environ d'axe en axe entre les bottillons.

un douzième bottillon est réservé pour compléter le chargement qui s'exécute de la manière suivante : deux hommes montent dans le wagon ; les deux autres restent sur le quai et leur passent les selles, qui sont rangées par piles de cinq ou six au plus, en commençant par le côté opposé à la porte.

Les piles se montent toutes ensemble par rangs horizontaux ; la première selle de chaque pile étant placée d'aplomb sur un bottillon, le manteau contre la paroi longitudinale du wagon et les fontes vers le milieu.

On réserve pour le rang supérieur les selles des officiers.

Les sacs des hommes à pied ainsi que les sacs d'avoine sont placés au milieu du wagon, entre les deux rangs de selles.

La dernière pile se forme sur le bottillon tenu en réserve et occupe la place qu'on avait laissée libre devant l'ouverture de la porte.

Pour placer les dernières selles, les hommes sortent du wagon, que l'on ferme dès que le chargement est terminé.

17. — Embarquement des chevaux.

1° *Dans le sens parallèle à la voie :*

Dès que les selles sont déposées à terre en arrière du rang, les officiers reconnaissent les wagons assignés aux chevaux de leurs pelotons.

Ils y font répandre la litière en ayant soin qu'elle s'étende sur le pont qui réunit le wagon au quai.

Il faut qu'il y ait toujours un homme de chaque côté des ponts volants, pour empêcher les chevaux de se traverser et de mettre les pieds entre le wagon et le quai.

Au signal de l'embarquement donné par le commandant de la troupe, le premier cavalier de droite de chaque fraction se porte franchement en avant vers l'entrée du wagon. Les autres le suivent successivement en gardant une distance de 3 mètres de tête à croupe.

Le premier cavalier marchant sans regarder son cheval, et le tenant près du mors, lui fait baisser la tête pour franchir la porte, tourne à droite et range son cheval contre la paroi longitudinale du côté de l'entrée, la tête tournée vers le milieu du wagon; chacun des autres cavaliers fait appuyer son cheval contre celui qui vient d'être placé (1).

Dès qu'un rang de chevaux est complet, deux cavaliers tendent la corde-poitrail, en la faisant passer plusieurs fois repliée dans les anneaux qui sont fixés aux montants des portes du wagon de manière à barrer en même temps une

(1) On doit toujours embarquer d'abord les chevaux les plus dociles. Quand un cheval résiste, on fait avancer le suivant, et le premier est entraîné vivement à la suite, ou bien on lui couvre la tête et on l'amène au wagon, après lui avoir fait faire un tour sur lui-même. Un des moyens les plus sûrs de faire entrer un cheval récalcitrant consiste à le faire pousser par deux hommes qui le saisissent vivement sous la croupe en se tenant la main.

Pour les chevaux qui ruent, on fait usage d'une sangle ou de deux sangles réunies bord à bord.

des deux portes; ils attachent leurs chevaux par la longe, le plus court possible, sans les débrider (1), aux anneaux du plafond, sortent du wagon et vont chercher leurs selles (2).

On procède de la même façon pour le rang opposé.

Les selles formant deux piles sont ensuite placées sur les bottillons disposés dans l'intervalle du milieu du wagon, ainsi que les deux bottes de foin prescrites par wagon.

Les deux gardes d'écurie remettent leurs armes et leurs coiffures à leurs camarades de lit; ils ne débrident les chevaux que lorsqu'ils sont calmés et que le train est en marche.

Les brides, soigneusement attachées, sont placées sur les piles de selles.

2° *Perpendiculairement à la voie :*

Pendant que les hommes portent leurs selles aux wagons à selles, les officiers se conforment aux instructions données pour l'embarquement parallèle à la voie.

Ils s'assurent en outre que chaque voiture contient deux strapontins, lesquels doivent être relevés de manière à ne pas gêner l'embarquement des chevaux.

---

(1) Les hommes doivent éviter d'engager la longe dans les rênes, afin que l'on puisse enlever la bride sans détacher la longe.

(2) La corde-poitrail est de la grosseur d'une corde à fourrages; elle a 16 mètres de long. L'acquisition en est faite par les corps. (Circulaire ministérielle du 10 février 1877.)

Dès que tous les cavaliers sont revenus à leurs chevaux, le commandant donne le signal de l'embarquement.

A ce signal, le premier cavalier pénètre dans le wagon comme il est dit ci-dessus, tourne à droite et range sa monture contre le petit côté du wagon, la tête opposée à la porte.

Le second cavalier entre de la même manière, tourne à gauche et range son cheval à l'extrémité opposée.

Les autres suivent le même ordre, de manière que le troisième fait appuyer son cheval contre celui du premier, le quatrième contre celui du second, et ainsi de suite.

Dès qu'un cheval est à sa place, le cavalier l'attache par la longe le plus court possible, le débride, sort du wagon en emportant sa bride et va reprendre sa place dans le rang. On ne fait entrer les deux derniers chevaux que lorsque tous les autres sont attachés et que tous les hommes sont sortis du wagon.

Aussitôt que le dernier cheval est entré, on place la barre de fermeture, si le wagon en est pourvu, puis on retire le pont et on ferme la porte (1).

Les deux derniers cavaliers entrés dans le wagon y restent comme gardes d'écurie; ils se placent entre les chevaux du côté de la tête et

(1) Dans l'embarquement ou le débarquement, lorsqu'on est obligé de laisser la porte ouverte quelques instants du côté de la croupe, il est prudent, si le wagon est pourvu d'une barre de fermeture, de la placer momentanément pour empêcher les chevaux de reculer.

rabattent les strapontins pour s'asseoir. Leurs armes, leurs brides et leurs coiffures sont confiées à leurs camarades de lit.

On place une botte de foin sous chaque strapontin.

18. — Embarquement des hommes.

Dès que l'embarquement des chevaux et le chargement des selles sont terminés, le commandant fait reprendre les armes, les casques et les cuirasses, et réunit sa troupe devant les voitures qu'elle doit occuper. Il la divise ensuite en fractions correspondant à la contenance des wagons, et dénomme chaque fraction 1er, 2e, 3e, etc. wagon, suivant sa position dans l'ordre de bataille.

Les sous-officiers et les brigadiers sont répartis de manière à assurer partout l'ordre et la discipline.

Dans chaque fraction, un sous-officier est désigné comme chef de wagon.

Chaque fraction est massée devant le wagon qu'elle doit occuper, y faisant face, de manière à ne pas dépasser la longueur de ce wagon.

A la sonnerie : *En avant*, les hommes montent dans les compartiments en tenant leurs fusils à la main. Dans le cas où les chevaux ont été embarqués perpendiculairement à la voie, les brides conservées par les hommes sont soigneusement attachées et placées sous les banquettes.

Les officiers font compléter les places dans chaque wagon, conformément aux dispositions de la règle 11 ci-dessus.

Cuirassiers. Un cavalier monte d'abord dans chaque compartiment et reçoit des autres les cuirasses, qu'il range sous les banquettes par piles de deux paires dans chacun des quatre coins du compartiment. Les autres s'embarquent ensuite tenant leurs casques et leurs brides à la main.

Il est interdit aux militaires, lorsqu'ils sont montés en wagon, de fermer eux-mêmes les portières, ce soin incombant exclusivement au personnel des chemins de fer.

Dans les wagons à marchandises couverts, munis de volets, les portes seront fermées et les volets ouverts au moins partiellement pendant la marche des trains. Cette disposition n'est applicable qu'aux transports (hommes et chevaux) effectués dans les wagons couverts, qui permettent d'ouvrir de l'intérieur l'organe de fermeture et la porte elle-même.

19. — Devoirs des officiers pendant l'embarquement.

Pendant l'embarquement, le commandant et les officiers exercent leur autorité sur la troupe pour tout ce qui concerne la discipline, le maintien de l'ordre et l'exécution du présent règlement; ils doivent y veiller avec le plus grand soin et ne monter eux-mêmes en wagon qu'après s'être assurés que la troupe est convenablement établie.

L'embarquement terminé, le sous-officier adjoint à l'officier préposé au chargement écrit à la craie sur les wagons, à côté du numéro d'ordre, et pour les voitures à voyageurs, sur le marchepied, l'indication du peloton qui l'occupe.

Les mêmes indications sont mises sur les wagons à chevaux et à selles et sur les trucs.

Toutes les inscriptions sont reproduites de l'autre côté des véhicules; elles servent à faire retrouver les places aux stations où les hommes peuvent descendre.

Il est bon, en outre, de recommander aux hommes de retenir le numéro d'ordre peint sur leur wagon et sur celui dans lequel se trouvent leurs chevaux.

Le commandant, accompagné de l'officier de la garde de police, du chef de gare et du chef de train, passe une inspection rapide du train avant de monter lui-même en wagon.

20. — Mesures de police et de sécurité.

La troupe étant embarquée, il est rigoureusement interdit :

1° De passer la tête ou les bras hors des portières pendant la marche;

2° D'ouvrir les portières;

3° De passer d'une voiture dans une autre;

4° De pousser des cris et de chanter;

5° De descendre de voiture aux stations avant les sonneries qui doivent en donner le signal;

6° De fumer dans les wagons à chevaux et dans les wagons des hommes, au cas où, par les grands froids, il y aurait de la paille sur le plancher.

21. — Haltes et stations.

Tous les officiers doivent être informés par le chef de détachement, avant le départ du train, des stations où la troupe pourra descendre de voiture, ainsi que de la durée des haltes.

Dans les courts arrêts compris entre cinq et dix minutes, l'officier commandant la garde de police, accompagné de l'adjudant ou d'un sous-officier désigné à cet effet, doit descendre et parcourir rapidement le train pour s'assurer que tout est en ordre et recevoir les réclamations; il peut autoriser quelques hommes pressés de besoins urgents à descendre.

Dans les haltes de dix à quinze minutes, où tous les hommes peuvent descendre de wagon, les officiers se portent aussitôt à la hauteur des wagons où sont embarqués leurs hommes.

La garde de police descend immédiatement, et l'officier qui la commande fait placer des factionnaires partout où cela est nécessaire, principalement pour empêcher les hommes de circuler sur les voies, dans les buffets et buvettes, si l'entrée en est interdite, de sortir des gares ou des espaces enclos, etc.

Les hommes ne descendent de wagon qu'à la sonnerie : *Halte;* ils laissent leurs armes dans les wagons et doivent sortir exclusivement par les portières qui ouvrent sur le quai ou le trottoir.

Trois minutes avant le départ, à la sonnerie : *En avant*, les hommes remontent en wagon. Ils sont libres de ne pas descendre, et, s'ils sont descendus, de remonter avant le signal du rembarquement.

Le chef du détachement doit mettre à profit les arrêts du train pour faire visiter les wagons à chevaux et examiner si les chargements de matériel sont en ordre; le cas échéant, il fait immédiatement consolider ces chargements.

Dans les longs trajets, et dans le cas où les hommes seraient embarqués partie dans des wagons de 3e classe et partie dans des wagons à marchandises, le commandant peut, s'il le juge nécessaire, profiter d'un arrêt de longue durée pour faire passer les hommes des wagons à marchandises dans les wagons à voyageurs, et réciproquement, en ayant soin de faire modifier en conséquence les inscriptions à la craie.

L'itinéraire doit prévoir les haltes pour faire boire et manger les chevaux.

22. — Devoirs des gardes d'écurie.

A tous les coups de sifflet de la locomotive, à chaque arrêt et à chaque départ, les gardes d'écurie parlent aux chevaux, les calment et les soutiennent.

En cas d'accidents, ils se portent aux fenêtres et avertissent par leurs cris et en agitant leur mouchoir.

Les gardes d'écurie sont relevés toutes les trois heures.

Lorsque les chevaux voyagent dans le sens transversal, les précautions les plus minutieuses sont prises au moment où on relève les gardes d'écurie pour éviter les accidents qui pourraient se produire si les chevaux reculaient quand on ouvre les portes (1). A cet effet, les deux gardes d'écurie se tiennent près des chevaux placés en face de la porte, les flattent, leur donnent à manger et les ramènent vers le fond du wagon.

Dès que la porte est ouverte, les nouveaux gardes d'écurie entrent et vont prendre la place de ceux qu'ils relèvent. Ceux-ci sortent rapidement.

Il ne faut qu'entr'ouvrir la porte juste pour le passage d'un homme.

Pendant la route, les gardes d'écurie font manger les chevaux en leur donnant le foin à la main. Les bottes de foin sont remplacées pendant les haltes, au fur et à mesure de la consommation, par les soins des officiers de peloton.

Dans les gares désignées pour les repas des chevaux, on distribue l'avoine dans les musettes. Pour abreuver les chevaux, des cavaliers remplissent les seaux et les passent aux gardes d'écurie par les fenêtres des wagons (2).

(1) Ces précautions sont nécessaires surtout lorsque les wagons ne sont pas pourvus de barres de fermeture.

(2) Voir à la note 3 la description du seau.

Les gardes d'écurie les reçoivent par-dessus la croupe des chevaux, en allongeant le bras autant que possible, et font boire.

Les chevaux ne sont abreuvés que lorsque la durée du trajet est de plus de douze heures (1).

23. — Arrivée à destination.

A la station qui précède l'arrivée, les hommes sont avertis par les agents du chemin de fer; ils doivent s'occuper de mettre leur tenue en ordre et se tenir prêts à descendre.

A l'arrivée à la gare de destination, le chef du détachement fait immédiatement reconnaître la disposition de la gare et ses issues; il fait placer, par l'officier commandant la garde de police, les sentinelles nécessaires pour maintenir l'ordre, et désigne la portion de cette garde qui doit garder les bagages et les accompagner au quartier.

L'officier préposé au chargement reconnaît les dispositions prises par le chef de gare pour le débarquement des chevaux, des voitures et du matériel; il s'assure si la gare est pourvue du personnel et des engins nécessaires à ce débarquement; cette reconnaissance faite, il en rend compte au chef du détachement. Celui-ci prend ses mesures en conséquence pour la direction à donner à la troupe après le débarquement et pour les auxiliaires à fournir à la gare.

(1) Dans ce cas même, ils ont besoin de peu d'eau; un seau de dimension moyenne suffit pour deux chevaux.

24. — Débarquement des hommes.

A l'arrivée et à la sonnerie d'un demi-appel, les cavaliers sortent sans précipitation des voitures avec leurs armes et leurs brides. Ils sont immédiatement conduits par les officiers et sous-officiers de leurs pelotons en face des wagons où sont les chevaux.

Observation. On doit recommander aux hommes de tenir à la main leurs fourreaux de sabre, lorsqu'ils descendent de wagon, et, quand ils sont descendus, de ne pas appuyer leurs armes contre les voitures du train qui peuvent à tout instant être ébranlées par un mouvement de la locomotive.

Avant le départ de la troupe, les agents du train visitent les voitures avec un ou plusieurs sous-officiers désignés à cet effet, et remettent à ces derniers les objets que les hommes pourraient y avoir oubliés.

Les cavaliers mettent leurs armes en faisceaux, avec les mêmes précautions que pour l'embarquement, de telle sorte que les faisceaux ne courent pas risque d'être renversés par les chevaux, et se forment en bataille, en laissant un large espace entre le front de la troupe et les wagons.

Cuirassiers. Les hommes descendent sur le quai avec leurs brides, laissant leurs casques et leurs cuirasses dans les voitures.

Les employés du chemin de fer placent les ponts volants devant les portes des wagons à chevaux, qui restent néanmoins fermées.

Deux hommes sont placés de chaque côté des ponts volants, comme pour l'embarquement.

25. — Débarquement des chevaux.

Le commandant, après s'être assuré que tous les hommes ont reconnu les wagons où sont leurs chevaux, donne le signal du débarquement.

Aussitôt les cavaliers se portent aux wagons à chevaux.

Lorsque les chevaux sont placés dans le sens de la voie, les cavaliers enlèvent leurs selles et vont les poser à terre sur un rang, en avant de l'emplacement où la troupe doit venir se former.

Chacun bride son cheval.

On fait sortir ensuite les chevaux de chaque rang, après avoir retiré successivement les cordes-poitrails. Les chevaux sont aussitôt sellés.

Lorsque les chevaux sont placés transversalement, on passe les brides des deux chevaux du milieu aux gardes d'écurie.

Les chevaux bridés, on ouvre la porte. Les deux chevaux, s'ils ont la tête tournée du côté opposé au quai, sortent successivement en reculant et sont immédiatement emmenés par leurs cavaliers sur la ligne de bataille.

Les autres cavaliers entrent alors dans les wagons, brident leurs chevaux et les font sortir par un demi-tour à droite ou à gauche.

26. — Débarquement des selles. — Formation et départ de la troupe.

Lorsque le transport a eu lieu dans le sens perpendiculaire, la troupe étant reformée dans le même ordre que pour l'embarquement, c'est-à-dire sur un seul rang, chaque cavalier du second rang à gauche de son chef de file, on procède au débarquement des selles.

Les sous-officiers et les cavaliers qui ont été employés au chargement des selles se portent aux wagons où elles se trouvent.

Au signal du commandant, les cavaliers du premier rang viennent chercher leurs selles; ceux du second rang tiennent les deux chevaux.

Quand les chevaux du premier rang sont sellés, les cavaliers du second rang vont à leur tour chercher leurs selles.

Le commandant, les officiers et les sous-officiers recommandent aux hommes de seller leurs chevaux sans se presser et avec le plus grand soin. Ils surveillent particulièrement l'exécution de cet ordre.

Les officiers examinent le paquetage avec la plus grande attention, et le font rectifier, s'il y a lieu.

Quand tous les chevaux sont sellés, le commandant ordonne aux hommes de reprendre leurs armes, leurs casques et leurs cuirasses; il les fait monter à cheval, reforme sa troupe et l'emmène.

27. — Déchargement des bagages.

Le vaguemestre, accompagné de la portion de la garde de police qui doit garder les bagages et des hommes de corvée nécessaires, commandés à l'avance, se transporte au quai de déchargement des bagages.

Ce déchargement est fait par les soins des hommes de corvée aidés des hommes d'équipe.

A défaut de voitures régimentaires, le vaguemestre s'occupe des mesures à prendre pour l'enlèvement des bagages et pour leur transport au quartier, conformément aux prescriptions énoncées dans l'observation de la *Règle militaire n° 2*.

28. — Changements de train.

Dans le cas où il y a lieu de changer de train pendant le trajet, le commandant de la troupe, sur l'avis qu'il en reçoit, fait faire le débarquement et le rembarquement par les procédés décrits dans le présent règlement.

APPENDICE IV

(Règlement général.)

Règles spéciales relatives à l'embarquement par le grand côté de deux fourgons sur le même truc.

Observations générales.

Les portes étroites pratiquées au milieu du grand côté d'un truc ne facilitent pas l'embarquement. Les portes ne sont utiles que lorsqu'elles ont une grande largeur et sont placées vers l'une des extrémités du truc. Si elles n'ont pas au moins $2^{m},80$, et si elles ont une position centrale, on les fermera et on ne s'en servira pas.

Pour éviter toute ambiguïté dans le langage, on suppose un observateur placé sur le quai, face au truc de chargement. La droite et la gauche de chaque truc sont la droite et la gauche de l'observateur.

Le grand côté intérieur d'un truc est celui qui est contre le quai. L'autre est le grand côté extérieur.

Suivant la nature des trucs, le chargement peut s'effectuer, soit en introduisant directement les deux fourgons sur le truc de chargement, soit en se servant du truc voisin comme auxiliaire.

Ces deux procédés sont décrits ci-après :

Quel que soit le procédé, il faut placer les fourgons de façon que les manivelles des vis de frein ne soient pas en contact, c'est-à-dire qu'elles se trouvent vers les grands côtés du truc et non à l'intérieur.

Il faut, en outre, commencer le chargement par le fourgon placé contre le grand côté extérieur, afin de permettre aux hommes qui auront à mouvoir transversalement le deuxième fourgon, de s'installer pour cette manœuvre de force, d'une part sur la plate-forme du truc, et d'autre part sur le quai lui-même.

Première méthode.

Chargement direct.

Cette méthode ne s'applique qu'à des trucs à fond plat ayant au moins 6 mètres de long sur 2m,83 de large.

Nombre d'hommes nécessaires.	1 sous-officier, chef de manœuvre. 12 hommes.
Agrès nécessaires.	4 ou 5 ponts volants modèle 1880 (deux suffisent à la rigueur, ou, à défaut de ponts réglementaires, d'autres ponts donnant par leur juxtaposition la largeur de deux ponts 1880 au minimum et de 4, s'il est possible. 2 leviers de manœuvre.

Embarquement.

1° Relier le truc au quai, en plaçant les ponts volants dans la porte, si elle remplit les conditions exigées. Sinon, la relever, appuyer 4 ponts volants modèle 1880 sur le grand côté, en les disposant de la droite à la gauche, de manière que le bord droit du premier se trouve à peu près au milieu du grand côté extérieur;

2° Introduire le premier fourgon, l'arrière-train en avant et à droite, commencer sur les ponts volants, si la largeur de leur ensemble le permet, le mouvement de reculer à droite. Amortir le choc sur le plancher avec des bottillons. Ranger le premier fourgon contre le bord extérieur. Reculer la voiture provisoirement autant qu'il est possible vers la droite du truc. Enlever le timon, le placer sur le plancher vers le côté extérieur; tourner l'avant-train et en diriger l'essieu suivant l'axe de la voiture, la volée du côté extérieur;

3° Introduire le deuxième fourgon, l'arrière-train en avant et à gauche, commencer de reculer à gauche sur les ponts volants, s'il est possible, amortir avec des bottillons la chute des roues sur le plancher. Déplacer l'arrière-train à bras pour le ranger contre le bord intérieur. Enlever le timon, le placer sur le plancher vers le côté intérieur. Faire pivoter l'avant-train, en diriger l'essieu suivant l'axe de la voiture, la volée du côté du quai, la roue gauche entre la roue et le coffre de la première voiture (pl. IX);

4° Faire avancer les deux fourgons à bras, s'il est nécessaire, de manière que les arrière-trains ne dépassent pas les faux tampons;

5° Si les timons de rechange sont en contact, les enlever et les placer sur le plancher;

6° Amarrer les avant-trains l'un à l'autre et les arrière-trains aux anneaux de la plate-forme, et enlever les ponts volants.

Débarquement.

1° Relier le truc au quai, comme il a été dit pour l'embarquement;

2° Déplacer à bras l'arrière-train du fourgon de gauche pour le diriger obliquement vers les ponts volants, le derrière contre les bords extérieurs du truc. Replacer l'avant-train dans sa position normale, remettre le timon et le tirer pour faire sortir le fourgon dans une direction oblique. Mettre des bottillons contre le grand côté intérieur. Faire pivoter légèrement l'avant-train du fourgon de droite pour éviter que la roue n'accroche le frein à patin;

3° Tourner l'avant-train du fourgon de droite dans sa position normale, remettre le timon, sortir ce fourgon, l'avant-train en avant;

4° Remettre les timons de rechange, s'il y a lieu, et enlever les ponts volants.

Deuxième méthode.

Chargement à l'aide d'un truc auxiliaire.

Cette méthode peut s'appliquer à des trucs ayant le fond garni de traverses saillantes, pourvu qu'ils aient les dimensions minima de 6^{m},30 sur 2^{m},83.

Les tendeurs à vis doivent être serrés à fond, les freins serrés. Si les wagons n'ont pas de frein, ils doivent être calés en avant et en arrière.

Le truc de chargement est à droite, le truc auxiliaire à gauche.

Nombre d'hommes nécessaires.	1 sous-officier, chef de manœuvre, 16 hommes.
Agrès	7 ponts volants modèle 1880 (à défaut de ponts réglementaires, d'autres ponts volants donnant par leur juxtaposition la largeur de l'ensemble des premiers). 2 cales à manche. 2 leviers.

Embarquement.

1° Relever la porte, si elle n'est pas dans les conditions voulues. Relier le truc de chargement au quai, au moyen de 3 ou 4 ponts volants jointifs. Les disposer de la droite à la gauche, de manière que le bord droit du premier se trouve à peu près au milieu du grand côté intérieur.

Faire arriver le fourgon n° 1 sur le truc de chargement, l'arrière-train en avant et à droite, commencer sur les ponts volants, si la largeur des ponts le permet, le mouvement de reculer à droite. Amortir le choc sur le plancher avec des bottillons. Placer les roues droites contre le côté extérieur.

Reculer provisoirement la voiture autant que possible vers le côté droit du truc. Enlever le timon, le placer sur le plancher vers le côté extérieur. Tourner l'avant-train suivant l'axe de la voiture, la volée du côté extérieur ;

2° Abattre, s'il est possible, les petits côtés voisins des deux trucs. Les relier par trois ponts volants jointifs. Si les petits côtés sont fixes, disposer des bottillons pour en faciliter le franchissement. Relever la porte, si elle n'est pas dans les conditions exigées.

Relier le truc auxiliaire au quai au moyen de quatre ponts volants, disposés de la gauche à la droite, de manière que le bord gauche du premier se trouve à peu près au milieu du grand côté extérieur;

3° Faire entrer le fourgon n° 2, l'arrière train en avant et à gauche sur le truc auxiliaire, comme il a déjà été indiqué, en diriger le timon vers le truc de chargement;

4° Conduire le fourgon n° 2 le timon le premier sur ce truc de chargement, en lui faisant franchir les ponts qui relient les deux wagons. Avoir soin de mettre l'excédent de longueur des ponts volants du côté du truc de chargement et d'amortir les chocs avec des bottillons. Placer les roues droites de ce fourgon contre le grand côté intérieur, ôter le timon, le placer sur le plancher vers le côté intérieur, tourner l'avant-train de manière à placer l'essieu parallèlement à la voie, la volée du côté du quai.

Faire avancer les deux fourgons, en soulevant à bras leur avant-train, jusqu'à ce que les arrière-trains ne dépassent plus les faux tampons.

Si les timons de rechange sont en contact, les enlever et les poser sur le plancher.

Amarrer les avant-trains l'un à l'autre, et les arrière-trains aux anneaux de la plate-forme. Enlever les ponts volants.

Débarquement.

Les fourgons sont déchargés par les moyens inverses de ceux qui ont été employés pour les charger :

1° Reculer à bras, le plus possible, les deux fourgons, chacun vers l'un des petits bouts;

2° Rabattre les petits côtés, s'il y a lieu. Relier les deux trucs par trois ponts volants, l'excédent de longueur des ponts du côté du truc auxiliaire;

3° Tourner l'avant-train du fourgon n° 2 dans sa position normale, remettre le timon, amener le fourgon n° 2, l'arrière-train en avant, sur le truc auxiliaire, retourner l'avant-train du fourgon n° 1, remettre le timon;

4° Relier les deux trucs au quai, faire sortir les fourgons des trucs, le timon en avant, remettre les timons de rechange, enlever les ponts volants.

Observation. L'emploi de la deuxième méthode n'est pas limité au cas de deux fourgons et de deux trucs. Elle est applicable à un nombre quelconque de fourgons à embarquer sur un groupe de trucs. On charge le premier truc de droite au moyen du second, comme il vient d'être indiqué, puis le second au moyen du troisième et ainsi de suite, chaque truc servant successivement, comme truc auxiliaire d'abord, comme truc de chargement ensuite. Arrivé au dernier truc de gauche, on y placera un fourgon avec une voiture qu'on peut introduire directement comme un caisson ou une voiture à deux roues.

On sera toujours libre, d'ailleurs, d'assembler des voitures d'espèces différentes sur le même truc, de la manière la plus commode, à la condition de n'employer que le plus petit nombre de trucs possible.

RÈGLES SPÉCIALES

RELATIVES À L'EMBARQUEMENT PAR LE GRAND CÔTÉ D'UN FOURGON À QUATRE ROUES ET D'UNE VOITURE À DEUX ROUES

sur un truc (modèle Nord) de $5^{m},31$ de longueur de caisse sur $2^{m},26$ de largeur.

(Note ministérielle, mars 1885.)

Nombre d'hommes nécessaires :

1 sous-officier chef de manœuvre,

10 hommes.

Agrès nécessaires :

4 ponts volants du modèle ordinaire du Nord, ou 2 ponts du modèle dit *d'artillerie.*

Pour faciliter l'explication de la manœuvre, on suppose un observateur placé sur le quai face au truc employé pour le chargement. La droite et la gauche du truc seront la droite et la gauche de l'observateur.

Embarquement.

1° Relier le truc au quai en plaçant les ponts volants de la gauche à la droite, le bord gauche du premier pont se trouvant à peu près au milieu du grand côté de la caisse.

2° Introduire le fourgon à quatre roues, l'arrière-train en avant et à gauche, commencer sur les ponts volants, si leur largeur le permet, le mouvement de reculer à gauche. Ranger le fourgon contre le grand côté opposé au quai, tourner ensuite l'avant-train de droite à gauche en dirigeant l'essieu suivant l'axe du fourgon et ramener les deux roues extérieures contre le grand côté extérieur de la caisse. Enlever le timon et le placer sur le plancher sous le fourgon.

3° Introduire la voiture à deux roues, l'arrière-train en avant et à droite, en commençant, s'il est possible, le mouvement de recul à droite sur les ponts volants. Déplacer la voiture à bras pour la ranger contre le côté intérieur du truc sans changer la position de l'avant-train du fourgon à quatre roues.

4° Faire avancer les deux fourgons à bras, s'il est nécessaire, de manière que les parties saillantes des caisses ne dépassent pas l'aplomb des tampons.

5° Caler les roues dans les deux sens, brêler les roues d'arrière au moyen des anneaux du truc et enlever les ponts volants.

Nota. En procédant de la même manière que ci-dessus, on peut charger facilement sur un truc du même modèle un fourgon à quatre roues avec un avant-train ou un arrière-train (pl. X).

VII.

NOTE III.

DU RÈGLEMENT GÉNÉRAL.

DESCRIPTION D'ACCESSOIRES

SERVANT

À L'EMBARQUEMENT,

AU TRANSPORT

ET AU DÉBARQUEMENT DES CHEVAUX ET DU MATÉRIEL.

---

1. — Rampe mobile en charpente.

(Planche VI.)

La rampe mobile pour le chargement et le déchargement des chevaux et du matériel se compose :

1° D'un châssis rectangulaire de 1 mètre de hauteur sur 3^{m},30 de longueur, dressé parallèlement à la voie et à 90 centimètres de l'axe du rail (pl. VI, fig. 1).

Ce châssis est formé de deux traverses horizontales, réunies entre elles par quatre montants verticaux, espacés de 1 mètre d'axe en axe et maintenus par des croisillons et jambes de force, ainsi que par deux boulons en fer;

2° De quatre longrines de 5m,50 de longueur, dont l'extrémité supérieure, équarrie, repose sur le châssis dont il vient d'être parlé, et dont l'extrémité inférieure, légèrement taillée en biseau, vient s'appuyer sur le sol (pl. VI, fig. 2).

La face supérieure de l'extrémité inférieure des longrines est armée d'un crampon d'arrêt destiné à retenir les madriers placés sur la longrine;

3° De huit moises (deux par longrine) servant à relier chaque longrine au montant correspondant du châssis, de manière à assurer la rigidité du système (pl. VI, fig. 3).

L'assemblage des moises avec la longrine, aussi bien qu'avec le montant du châssis, s'effectue à l'aide d'un boulon et d'une clavette fixée au châssis ou à la longrine par une chaînette;

4° De vingt et un madriers de 3m,30 de longueur et de 22 centimètres de largeur, formant le tablier de la rampe (pl. VI, fig. 4);

5° De deux longerons de 5m,50 de longueur et de 12 centimètres de largeur, posés sur le plancher, perpendiculairement à la direction des madriers, au droit des deux longrines extrêmes (pl. VI, fig. 5).

Chacun de ces deux longerons est relié à la longrine correspondante au moyen de trois brides en fer avec chaînettes;

6° De ferrures et coins en chêne, savoir (pl. VI, fig. 6, 7 et 8) ;

a) Deux brides en fer courbées en forme de U renversé; l'une des extrémités de la bride se termine par une chaîne.

Cette bride se place à l'extrémité supérieure du longeron, la chaînette passe sous un crochet fixé au montant du châssis et vient se rattacher par une de ses mailles à l'autre extrémité de la bride qui est recourbée à cet effet.

Entre la face supérieure du longeron et le sommet de la bride, on introduit deux coins chassés en sens inverse, de manière à assurer le serrage complet du longeron, des madriers et de la longrine.

b) Quatre brides en fer ne différant des précédentes que par la longueur de la chaîne, qui est plus courte que ces dernières (pl. VI, fig. 9).

Deux de ces brides se placent au milieu de chaque longeron, les deux autres aux extrémités inférieures. Ces brides servent, comme les précédentes, à réunir entre eux les différents éléments de la rampe mobile, seulement leur chaîne embrasse complètement la longrine.

Le serrage est obtenu à l'aide de deux coins, employés comme il a été dit plus haut.

Les huit boulons servant à assembler les moises aux longrines et aux châssis, les six brides en fer et les douze coins se placent dans une caisse de 1^{m},30 sur 30 centimètres et 18 centimètres; cette caisse doit toujours accompagner la rampe mobile.

Enfin des ponts volants servent à relier l'extrémité supérieure de la rampe avec le rebord ou le plancher des wagons.

En résumé, la rampe mobile pour le chargement et le déchargement des chevaux et du matériel se compose :

1° D'un châssis;
2° De quatre longrines;
3° De huit moises;
4° De vingt et un madriers;
5° De deux longerons;
6° D'une boîte renfermant : huit boulons, six brides en fer et douze coins;
7° De quatre ponts volants.

L'ensemble de ces pièces représente un poids total de 1,500 kilogrammes environ.

2. — Rampe mobile à longrines en fer.

(Planche VII.)

La rampe mobile destinée à l'embarquement et au débarquement des chevaux et du matériel en pleine voie comprend :

1° Deux longrines en fer, à double T, de 5 mètres de longueur, ayant à l'une de leurs extrémités des griffes par lesquelles elles s'appuient sur le bord du wagon;
2° Seize planches destinées à former le tablier;
3° Une poulie de renvoi.

Les planches sont du même modèle que celles qui servent de siège aux hommes dans les wagons à marchandises; elles ont 5 centimètres d'épaisseur, 30 centimètres de largeur et $2^m,40$ de longueur.

Elles sont maintenues sur les longrines de telle façon que l'écartement entre les arêtes de deux planches consécutives soit de 4 centimètres.

Dans ce but, les longrines sont munies de crochets alternativement fixes et mobiles, qui servent à régler l'écartement des planches et à empêcher qu'elles ne se déplacent.

Les crochets mobiles peuvent tourner de façon à s'effacer pour permettre la mise en place des planches, et se déplacer de 5 millimètres dans le sens de leur hauteur pour racheter un gauchissement possible du bois.

Les crochets fixes n'ont que le jeu vertical de 5 millimètres.

Les deux crochets des extrémités sont complètement fixes.

La résistance de la rampe lui permet de porter toutes les voitures de l'artillerie de campagne, sans ôter les avant-trains, mais on doit avoir l'attention de placer les longrines à un écartement aussi rapproché que possible de la voie du véhicule à charger.

La poulie de renvoi est destinée à faciliter la manœuvre, mais son emploi n'est pas indispensable. On l'accroche au véhicule et on y fait passer la prolonge, qu'on attache, par une de ses extrémités, au wagon, tandis que les hommes saisissent l'autre extrémité.

Les accessoires prévus à la règle n° 5 de l'Appendice II sont également nécessaires pour la manœuvre en pleine voie.

Poids de la rampe à longrines en fer : 750 kilogrammes.

3. — Pont volant.

(Planche VIII.)

Modèle unique destiné à l'embarquement des chevaux et du matériel et à relier les trucs entre eux.

Ce pont se compose de deux fer à T matricés en forme de griffe à leurs extrémités et reliés par un plancher formé de six bouts de madriers de $0^m,04$ d'épaisseur, distants entre eux de 10 à 15 millimètres ; les deux madriers extrêmes sont en chêne, les quatre autres en sapin. Les fers à T sont reliés à chacun des deux madriers en sapin par quatre rivets et à chacun des deux madriers en chêne par six vis à bois. Enfin une plaque de tôle destinée à recevoir les premiers chocs des voitures embarquées est fixée sur les griffes à chaque extrémité du pont.

Dimensions : largeur, $0^m,70$; longueur, $1^m,40$; poids, 50 kilogrammes.

Emploi du pont volant.

1° Pour l'embarquement des chevaux.

Deux ponts jointifs sont nécessaires. En général, ils seront maintenus latéralement par les parois du wagon, de telle sorte que les chevaux, en les franchissant, ne pourront pas les déplacer. Il y a lieu toutefois de remarquer que la largeur de l'ouverture des fourgons à chevaux n'est pas la même pour toutes les compagnies de chemins de fer. Il a fallu, dès lors, donner à l'extrémité des ponts volants des dimensions permettant à un couple de ces appareils de s'adapter aux portes les plus étroites.

2° Pour l'embarquement du matériel de quai à truc.

Deux ponts suffisent, et chacun d'eux doit recevoir en son milieu la roue de la voiture. Ils devront donc être disposés de façon à avoir d'axe en axe un écartement égal à la voie du matériel embarqué.

3° Pour le passage du matériel d'un truc sur l'autre.

Pour réunir les trucs entre eux, il est prudent de se servir de trois ponts jointifs. Dans le cas d'un embarquement de nuit, cette dernière précaution doit être considérée comme indispensable.

4. — Strapontin.

(Planche IV.)

Le strapontin se compose d'une planche de 2 centimètres et demi d'épaisseur sur 45 centimètres de longueur et 30 centimètres de largeur, arrondie et percée aux quatre coins pour laisser passer quatre bouts de corde arrêtés par des nœuds simples au-dessous de la planche. Les deux cordes de chaque petit côté sont réunies par deux nœuds également simples, mais disposés de telle sorte que le strapontin mis en place présente une légère inclinaison, de l'avant vers l'arrière.

Le siège est à 60 centimètres au-dessus du plancher des wagons.

Le strapontin est attaché aux barres longitudinales du wagon, par les bouts dépassant les nœuds de réunion, à 75 centimètres des bouts de wagon, afin que le cavalier assis soit entre les têtes des chevaux extrêmes et celles de leurs voisins.

5. — Seau en toile pour abreuver les chevaux.

(Planche VI.)

Le seau est confectionné en toile à voile; il se compose de :

Un manchon en toile;
Un fond en toile;
Deux cerceaux en frêne;
Une anse en corde et toile.

Le manchon est formé d'un seul morceau roulé, dont les bouts sont réunis par une couture en fil poissé. Le fond est également d'une seule pièce.

Les deux cerceaux sont enveloppés par les extrémités du manchon : celui du bas est fixé à ce dernier par la couture qui le réunit au fond, celui du haut par une simple couture.

L'anse est formée d'un bout de corde de 18 millimètres de diamètre, enveloppé d'une toile dont les bouts sont cousus en dehors du seau et près du cerceau; l'anse doit être assez longue pour que, rabattue, elle n'obstrue pas l'ouverture et qu'elle repose sur le bord extérieur du cerceau.

Les compagnies ont pris l'engagement d'adopter ce modèle comme seau à incendie, au fur et à mesure des remplacements; elles fourniront alors les seaux d'abreuvoir; mais, en attendant que ces remplacements aient pu être effectués, ils seront fournis par l'administration militaire.

Dimensions du seau en toile:

Diamètre.................	0^m,230
Hauteur..................	0^m,300
Poids....................	0^k,430
Contenance...............	13 litres.
Longueur de l'anse........	0^m,450

ANNEXE VI.

(RÈGLEMENT GÉNÉRAL.)

EXTRAIT DU DÉCRET DU 18 JUILLET 1876 modifiant les dispositions qui régissent le service des frais de route. (Dispositions rappelées par le décret du 29 janvier 1879.)

AU NOM DU PEUPLE FRANÇAIS,

LE PRÉSIDENT DE LA RÉPUBLIQUE, etc.

DÉCRÈTE :

....

Art. 5. Les chefs de corps, les commandants des dépôts, les commandants des diverses écoles militaires et les commandants des bureaux de recrutement, ainsi que les autres autorités militaires auxquelles le Ministre de la guerre croira devoir concéder ultérieurement la même faculté, sont autorisés, *en cas de mobilisation,* à délivrer sous leur responsabilité, pour tenir lieu de feuille de route, des ordres de mouvement rapide détachés d'un registre à souche, imprimés sur du papier de couleur distincte (1) et contenant des bons de chemins de fer (modèles n°s 1 et 2).

(1) Modèle n° 1 : papier de couleur jaune.
Modèle n° 2 : papier de couleur violette.

La même faculté leur est accordée dans des circonstances urgentes de service, mais à la charge d'y joindre l'ordre du Ministre ou du commandant du corps d'armée qui a prescrit le mouvement.

....

Fait à Versailles, le 18 juillet 1876.

Signé : M[al] DE MAC MAHON.

Par le Président de la République :

Le Ministre de la Guerre

Gal E. DE CISSEY.

ANNEXE X.

(RÈGLEMENT GÉNÉRAL.)

INSTRUCTION DU 9 MARS 1883

sur l'organisation et le fonctionnement des stations-haltes-repas (et sur l'alimentation pendant les transports stratégiques).

(Exécution des prescriptions du Règlement général du 1er janvier 1874 sur les transports militaires par chemins de fer, relatives à l'alimentation des troupes pendant les transports stratégiques.)

TITRE PREMIER.

Dispositions générales.

ARTICLE PREMIER.

L'administration militaire est chargée d'assurer l'alimentation des hommes (officiers, sous-officiers et soldats) et la nourriture des chevaux pendant les transports stratégiques.

ART. 2.

Divisions des stations-haltes-repas.

Les stations-haltes-repas sont divisées en trois catégories :

La première comprend les stations où il est distribué des *repas chauds* par les soins de l'administration militaire;

La deuxième comprend les stations où il est fait des distributions de *vivres froids;*

Enfin la troisième comprend celle où des *repas chauds* sont distribués par les buffetiers, en exécution de marchés spéciaux passés par l'administration militaire.

ART. 3.

Service des stations-haltes-repas.

Le service à assurer par les stations-haltes-repas comprend,

Pour les hommes :

1° Dans les stations de la première et de la troisième catégorie :

Un repas chaud, fourni le jour, et composé d'une soupe et de viande froide de conserve;

Une ration de café chaud et une demi-ration d'eau-de-vie, délivrées pendant la nuit.

2° Dans les stations de la 2e catégorie :

Une ration de viande froide de conserve pendant le jour;

Une demi-ration de viande de conserve et une demi-ration d'eau-de-vie pendant la nuit.

En outre, des distributions de pain peuvent être faites dans les différentes stations, lorsque celles faites au départ doivent être renouvelées.

Pour les chevaux :

Des distributions de fourrages, opérées dans des conditions analogues à celles ci-dessus indiquées pour le pain.

Dans toutes les stations, on assure en outre la fourniture de l'eau aux hommes et aux chevaux.

Les officiers ont droit aux mêmes repas que les hommes.

Les tableaux de transport font connaître les effectifs, les points de haltes-repas, les heures des arrêts et leur durée.

. . . .

TITRE II.

Organisation du service.

. . . .

ART. 7.

Taux des allocations.

Les troupes ont droit aux allocations de vivres de campagne à partir du jour du départ. Elles reçoivent dès la veille, ou le jour même, suivant l'heure du départ, les vivres du sac, soit 2 jours de biscuit, 4 jours de petits vivres, 2 rations de viande de conserve (soit 2 boîtes de 1 kilogramme pour 5 hommes) et 2 jours de pain.

Les deux jours de pain sont destinés à assurer, avec les repas à distribuer aux stations-haltes et les vivres d'ordinaire, la nourriture des hommes pendant le transport. Les deux jours de pain sont renouvelés à la station-halte-repas la plus voisine du point de débarquement.

Lorsque le trajet dépasse deux jours, il est fait, sur certains points, des distributions complémentaires de pain, destinées à assurer la subsistance de la troupe pour le reste du parcours; lorsque la durée est égale ou inférieure à vingt-quatre heures, le renouvellement à faire, avant le débarquement, ne comprend que les quantités nécessaires pour compléter le pain à deux jours.

Les repas de chemin de fer comprennent:

Repas chauds.

Repas le jour	50 centilitres de soupe au pain. 200 grammes de viande froide de conserve.
Café avec eau-de-vie la nuit.	25 centilitres de café chaud et sucré, Une demi-ration d'eau-de-vie (0l,03125)

Repas froids.

Le jour.	Conserves de viande : 200 grammes.
La nuit.	Conserves de viande : 100 grammes. Eau-de-vie : une demi-ration.

Le jour est compté de 6 heures du matin à 5 heures 59 minutes du soir; la nature du repas est déterminée, non d'après l'heure de l'arrivée du train, mais d'après celle à laquelle il devait arriver et qui est indiquée au tableau de transport.

Les troupes emportent, du lieu de la garnison, les denrées (charcuterie, fromage, etc.) nécessaires aux repas complémentaires qu'elles auront à faire en cours de route, en sus de celles qui leur sont données dans les haltes-repas; ces denrées sont achetées sur les fonds des ordinaires (1).

Elles pourront cependant percevoir, en cas de besoin urgent et à titre remboursable, dans les haltes-repas, des conserves de viande; ces haltes devront donc en posséder une petite réserve en sus de leurs besoins.

(1) Circulaire ministérielle du 27 juillet 1877.

ART. 8.

La cavalerie emporte du foin et de l'avoine pour la durée du trajet et pour deux jours au plus; elle prend ces fourrages soit au gîte d'étape le plus rapproché du point d'embarquement, soit au point d'embarquement lui-même.

Elle reçoit, à la station-halte la plus voisine du lieu de débarquement, les quantités d'avoine destinées à compléter à deux jours l'approvisionnement de cette denrée qu'elle doit posséder à la descente du train.

Dans le cas où la durée du trajet dépasse quarante-huit heures ou lorsqu'elle est égale ou inférieure à vingt-quatre heures, on procède comme il est indiqué ci-dessus pour le pain.

ART. 9.

Installation.

Les fourneaux établis dans chaque station-halte-repas de la première catégorie sont pourvus de 6 marmites pour la soupe; chacune d'elles a une contenance uniforme de 200 litres.

On prépare le café dans un appareil dit *percolateur.*

Les aménagements nécessaires comprennen une cuisine, un magasin, des latrines et, au tant que possible, un réfectoire pour les offi ciers et un réfectoire pour la troupe.

Les stations-haltes sont pourvues de res sources suffisantes en eau potable.

Les hommes remplissent leurs petits bidons, soit au moyen de grands bidons qui existent dans chaque station-halte et qui sont remplis à l'avance, soit au moyen des robinets établis dans la gare. Les cavaliers abreuvent les chevaux au moyen des seaux en toile dont chaque station est pourvue.

TITRE III.

Exécution du service.

. . . .

ART. 13.

Bons de distribution.

Chaque corps s'administrant séparément établit des bons signés par le chef de corps, ou par les chefs de détachement ou les officiers d'approvisionnement, et visés par le commandant militaire de la station-halte.

Les bons sont distincts :

1° Pour les rations de repas, de café et d'eau-de-vie;

2° Pour les rations ordinaires de pain de repas;

3° Pour les distributions de fourrages;

4° Pour les conserves de viande perçues à titre remboursable.

Ils sont établis sur les formules ordinaires et font ressortir la nature et le nombre des rations de soupe, de café sucré, etc. qui ont été distribuées.

Ils sont remis, *aussitôt après l'arrivée dans chaque halte*, à l'officier d'administration; si le corps ne les présente pas, l'officier d'administration a recours à l'autorité du commissaire militaire.

Chaque officier a droit, dans les mêmes conditions que les hommes, aux rations de repas, de café, d'eau-de-vie et de pain de repas. Il ne perçoit *qu'une seule ration.*

ART. 14.

Distribution de la soupe dans les stations de la première catégorie.

La soupe est servie dans les gamelles de campement dont chaque station est pourvue (une par table).

Avant l'arrivée du train, les gamelles doivent se trouver sur les tables en nombre voulu.

Le pain de soupe y est mis d'avance à raison de 1 kilogramme par gamelle *complète* pour 10 hommes.

Le train étant annoncé et l'eau se trouvant en ébullition, on procède à la confection du bouillon; après six ou sept minutes, on transporte le bouillon, avec des seaux de 20 litres, près des tables et on le verse sur le pain à l'aide de grandes cuillers à distribution de 2 litres 50 centilitres, ce qui nécessite 2 cuillerées par gamelle.

Sous la conduite de leurs officiers, les hommes se placent, par ordre d'escadron et par 10, sur les deux bancs qui entourent chaque table; s'il n'y a pas de banc, le repas est pris debout autour des tables.

Aussitôt qu'ils sont placés, les hommes peuvent se répartir eux-mêmes la soupe dans leur petite gamelle au moyen d'une cuiller de 50 centilitres dont chaque table de 10 hommes est pourvue.

ART. 15.

Conserves.

Les boîtes de conserves de viande, ouvertes à l'avance, sont distribuées par escadron pour le contenu indiqué sur les boîtes. Les hommes se les partagent et peuvent les emporter dans les wagons.

Le distributeur ne coupe que les fractions formant appoint.

La distribution se fait en plaçant une boîte de 2 kilogrammes ou (2 boîtes de 1 kilogramme) ouverte auprès de chaque gamelle.

ART. 16.

Pain de repas.

Le pain de repas est distribué, quand il y a lieu, à raison de 750 grammes par ration.

ART. 17.

Eau pour les hommes.

Les hommes trouvent, sur chaque table, deux bidons de 10 litres pleins d'eau; ils peuvent s'y désaltérer et remplir leurs petits bidons. Un des deux bidons contient de l'eau additionnée d'eau-de-vie dans la proportion de une ration d'eau-de-vie par bidon.

ART. 18.

Café et eau-de-vie.

Le café liquide est distribué par escadron au décalitre (*40 rations*) dans les bidons des corps, qui se le répartissent au moyen des quarts dont les hommes sont porteurs.

L'eau-de-vie est distribuée par escadron au litre (16 rations) ou au double litre (32 rations).

ART. 19.

Fourrages.

Le foin est remis dans l'état où il se trouve (pressé, en rames, bottelé ou non bottelé); les cavaliers prennent livraison de l'avoine dans *leurs sacs.*

ART. 20.

Distribution dans les stations-haltes de la deuxième catégorie.

Le nombre de boîtes de conserves, à raison d'une boîte de 1 kilogramme pour 5 hommes, s'il s'agit d'un repas de jour, et pour 10 hommes, s'il s'agit d'un repas de nuit, est ouvert de manière à pouvoir être distribué rapidement dans les conditions indiquées pour les stations de la première catégorie.

L'eau-de-vie est également distribuée par litre, comme dans les stations de la première catégorie; comme dans les autres stations-haltes, des bidons pleins d'eau permettent aux hommes de remplir leurs petits bidons et de se désaltérer.

ART. 21.

Police des distributions.

Dans les stations de la troisième catégorie, les buffetiers sont chargés de la préparation des repas; la distribution en est faite par des ouvriers d'administration, mis en nombre suffisant à leur disposition.

ART. 22.

A l'arrivée du train, l'officier de jour et les gardes d'écurie iront seuls prendre rapidement leur repas; les autres cavaliers feront boire les chevaux, apporteront le fourrage sous la surveillance des officiers de l'escadron et iront ensuite manger, dès le retour des gardes d'écurie.

Des officiers, assistés de sous-officiers en nombre suffisant, assurent le bon ordre pendant les repas et pendant les distributions, sous l'autorité du commissaire militaire de la gare.

Paris, le 31 juillet 1885.

LE MINISTRE DE LA GUERRE

à MM. les Gouverneurs militaires de Paris et de Lyon, les Généraux commandant les corps d'armée.

MON CHER GÉNÉRAL,

Par suite des dispositions admises jusqu'à présent en exécution des articles 13 (§ 1er) et 59 (§ 7 et 9) du Règlement général sur les transports militaires par voies ferrées, lorsqu'un détachement suit un itinéraire comportant plusieurs sections appartenant à des réseaux différents, la gare de départ doit établir le billet collectif *et les autres écritures auxquelles donne lieu le transport pour le parcours jusqu'à la première gare de jonction; celle-ci crée, à son tour, un nouveau billet collectif pour la réexpédition sur la deuxième gare de jonction et ainsi de suite jusqu'à destination.*

Or l'expérience a fait reconnaître que cette manière d'opérer pourrait occasionner, en cas de mobilisation, des lenteurs et des difficultés par suite de la courte durée des arrêts prévus aux gares de jonction.

En conséquence, après entente avec les grandes Compagnies de chemins de fer et conformément à l'avis de la Commission Militaire Supérieure, j'ai décidé qu'à l'avenir on adoptera la règle suivante :

Dans tout transport militaire donnant lieu à l'établissement d'un bon collectif, lorsqu'un détachement aura à suivre un itinéraire composé sans interruption de sections appartenant aux réseaux de l'État et des compagnies de l'Ouest, du Nord, de l'Est, de Paris-Lyon-Méditerranée, d'Orléans, du Midi et des deux Ceintures, le chef de détachement remettra au chef de la gare de départ les bons de chemins de fer afférents aux divers réseaux à parcourir, après avoir rempli et signé sur chacun d'eux la mention relative à l'exécution du service. Il recevra en échange un billet collectif *unique, assurant le transport du détachement* jusqu'à destination définitive.

Les différents bons de chemins de fer accompagneront le train jusqu'à cette destination. Quant aux mutations en cours de route, elles seront constatées dans la forme réglementaire, tant sur le billet collectif que sur les bons de chemins de fer concernant les parcours où ces mutations doivent produire leur effet.

Toutefois, dans les cas où l'itinéraire à suivre par le détachement sera interrompu, soit par un parcours de terre, notamment par la traversée de Paris, soit par un parcours à effectuer sur le réseau d'une compagnie secondaire de chemins de fer autre que celles qui ont été énumérées ci-dessus, le chef de détachement ne devra remettre au point de départ initial que le ou les bons de chemins de fer applicables aux parcours par les rails de ces compagnies, jusqu'au point où le trajet doit s'effectuer par voie de terre ou par les rails de la compagnie secondaire précitée.

Il remettra les autres bons à la gare à partir de laquelle sera reprise la voie des chemins de l'État ou de l'une des compagnies du Nord, de l'Est, de Paris-Lyon-Méditerranée, d'Orléans, du Midi, de l'Ouest et des chemins de fer de Ceinture de Paris.

Vous remarquerez que cette modification dans les formalités à accomplir, sans rien changer à l'esprit des articles 13 et 59 du Règlement général, offre l'avantage de simplifier et de réduire les écritures en chargeant, dans la plupart des cas, la gare de départ d'effectuer les formalités qui incombaient jadis aux gares de transit.

Je vous prie de vouloir bien porter ces nouvelles dispositions à la connaissance des chefs de corps et de service placés sous vos ordres.

Les dispositions prescrites ci-dessus seront exécutoires à partir du 1er août prochain.

Signé : E. CAMPENON.

MODÈLES.

RÈGLEMENT.
1re Partie.

MODÈLE N° 2.

COMPAGNIE DU CHEMIN DE FER D

Exécution des articles 6, 12 et 14 du Règlement général pour les transports militaires par chemins de fer.

N° 180 de la nomenclature des imprimés du Ministère de la guerre.

ITINÉRAIRE DU TRAIN SPÉCIAL N°

que prendra le fort de officiers, hommes, chevaux, voitures pour se rendre de à

	EFFECTIF DU TRAIN.					GARE, DATE et heure de départ.	HEURE D'ARRIVÉE aux points intermédiaires du trajet où l'on fera des haltes de 10 minutes et au-dessus.	GARE, DATE et heure d'arrivée.	INDICATION DES CHANGEMENTS de réseau.	OBSERVATIONS.
	Officiers.	Hommes.	Chevaux.	Voitures.	Bagages et matériel.					
									Le train se rend de A à D en suivant : de A à B la ligne de : de B à C la ligne de : de C à D la ligne de :	
TOTAL égal à l'effectif.										

Le 18 .

L'Agent supérieur de l'exploitation,

NOTA. Les heures de nuit, de 6 heures du soir à 5 h. 59 m. du matin, sont soulignées.

CERTIFICAT D'EXÉCUTION DE TRANSPORT.

Je soussigné, commandant le détachement, certifie qu'il m'a été remis un billet collectif par la compagnie d
pour le transport jusqu'à destination du personnel et du matériel indiqués au recto.

A , le 18 .

(*Signature.*)

MUTATIONS SURVENUES PENDANT LA ROUTE (1).

DÉSIGNATION DES STATIONS où les mutations ont été effectuées.	NATURE ET MOTIFS DES MUTATIONS.	MILITAIRES OCCUPANT DES PLACES			CHEVAUX et MULETS.	VOITURES, CAISSONS et prolonges		POIDS	
		de 1re classe.	de 2e classe.	de 3e classe.		à 2 roues.	à 4 roues.	des BAGAGES.	du MATÉRIEL, appro-visionne-ments, etc.
1	2	3	4	5	6	7	8	9	10

N. B. Les ratures et les surcharges doivent être rigoureusement approuvées.

A , le 18 ,

Le Chef du détachement,

L'Agent de chemin de fer,

(1) Le présent tableau n'est rempli et signé qu'en cas de mutation pendant la route.

Exécution des articles [illegible] et 15 du Règ[illegible] pour les tr[illegible] taires [illegible]

N° 151 de l[illegible] des imprimés [illegible] de la [illegible]

AVIS DE TRANSPORT.

CORPS D'ARMÉE

Mouvement à exécuter par chemin de fer, en vertu d'un ordre du général commandant le ᵉ corps d'armée, en date du

DÉSIGNATION des corps à transporter.	EFFECTIF.		TONNAGE approximatif.		GARE de départ.	GARE d'arrivée.	DATE du départ.	OBSERVATIONS
	Officiers......... Hommes de troupe. Chevaux......... Voitures.........		Matériel et bagages.					

RÉPONSE DE LA GARE. *Le Chef de corps,*

Le train n° partant de la gare de à h. m. emmènera le détachement désigné ci-contre.
(Indication des circonstances principales du trajet, arrêts, changements de trains, etc.)

Le Chef de gare A , le
(ou du mouvement).

MODÈLE n° 5.

Exécution de l'ar[ticle]
du Règlement géné[ral sur]
les transports milit[aires par]
chemins de fer.

ANNEXE
AU RAPPORT
DES DIX JOURS
du
au

N° 132 de la nomen[clature]
des imprimés du Mi[nistère]
de la guerre.

° CORPS D'ARMÉE.

° DIVISION.

(1) Corps ou établissement.

BULLETIN DE RENSEIGNEM[ENTS]

SUR LE TRANSPORT
D'UN DÉTACHEMENT PAR VOIES FERRÉ[ES]

MOUVEMENTS.

Officiers et hommes du (1)
allant de à

(Ordre du général commandant le ° corps d'armée, en date du

DÉPART.			ARRIVÉE.			ARR[ÊTS] aux [gares] d[e] jonc[tion]
Gare de départ.	Dates.		Gare d'arrivée.	Dates.		
	Jour.	Heure.		Jour.	Heure.	

CIRCONSTANCES PRINCIPALES DU TRAJ[ET]

ET MUTATIONS SURVENUES PENDANT LA ROUTE.

VU :
Le Chef de corps,

Le Chef de détachem[ent],

A M. le Ministre de la Guerre. (État-major géné[ral],
4° Bureau.)

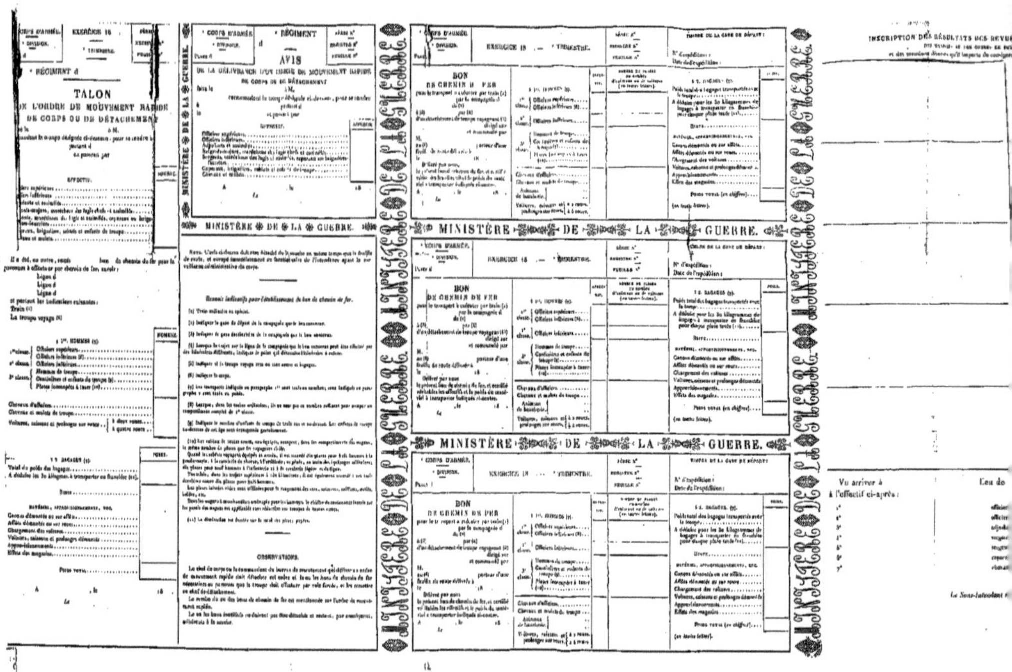

TALON
DE L'ORDRE DE MOUVEMENT RAPIDE
DE CORPS OU DE DÉTACHEMENT

AVIS
DE LA DÉLIVRANCE D'UN ORDRE DE MOUVEMENT RAPIDE
DE CORPS OU DE DÉTACHEMENT

MINISTÈRE DE LA GUERRE.

OBSERVATIONS.

BON
DE CHEMIN DE FER

MINISTÈRE DE LA GUERRE.

BON
DE CHEMIN DE FER

MINISTÈRE DE LA GUERRE.

BON
DE CHEMIN DE FER

INSCRIPTION DES RÉSULTATS DES REVUES

Vu arriver à
à l'effectif ci-après :

Le Sous-Intendant

INSCRIPTION DES RÉSULTATS DES REVUES D'EFFECTIF PASSÉES EN ROUTE,

DES MANDATS ET DES ORDRES DE FOURNITURES DÉLIVRÉS EN ROUTE,

et des mentions diverses qu'il importe de consigner sur le présent ordre de mouvement rapide.

Vu arriver à Lieu de destination, le 18 ,

à l'effectif ci-après :

		EFFECTIF (en chiffres).
1°	officiers supérieurs	
2°	officiers inférieurs	
3°	adjudants et assimilés	
4°	sergents-majors ou maréchaux des logis chefs et assimilés	
5°	sergents ou maréchaux des logis, fourriers et assimilés	
6°	caporaux ou brigadiers, soldats et enfants de troupe	
7°	chevaux et mulets	

Le Sous-Intendant militaire,

ᵉ CORPS D'ARMÉE.
DÉPARTEMENT d
PLACE d

ORDRE DE MOUVEMENT RAPIDE
DE CORPS ENTIER OU DE DÉTACHEMENT.

ᵉ RÉGIMENT

Nº 123 DE LA NOMENCLATURE.
MODÈLE Nº 1.
Article 5 du décret du 18 juillet 1876.

SÉRIE Nº

REGISTRE Nº

FEUILLE Nº

Conformément aux ordres de M.
en date du 18 *, la troupe désignée ci-dessus, commandée par M.* (grade:) *partira d* *le* 18 *, pour aller à département d* *, en passant aux jours indiqués ci-dessous par les points mentionnés ci-après :*

ITINÉRAIRE QUE DOIT SUIVRE LE DÉTACHEMENT.			
DATES. (Pour les parcours sur les voies ferrées, on indiquera, en outre, les heures de départ et celles d'arrivée.)	SUR LES VOIES FERRÉES. Désignation des gares où le détachement doit s'embarquer ou changer de mode de locomotion, ou d'arrivée à destination.	SUR LES ROUTES ORDINAIRES. Désignation des gîtes d'étape ou des localités où le détachement doit passer la nuit.	Indiquer que l'indemnité de route ou la solde, suivant le cas, est assurée par les soins du corps. Mentionner les bons de vivres, de fourrages et ceux de chemins de fer remis, au moment du départ, au chef de détachement.

DÉLIVRÉ par nous (1) le présent ordre de mouvement rapide sur lequel nous certifions véritable que l'effectif de la troupe mise en route est composé comme ci-après :

		EFFECTIF (en chiffres).
1º (2)	officiers supérieurs..	
2º	officiers inférieurs..	
3º	adjudants et assimilés..	
4º	sergents-majors ou maréchaux des logis chefs et assimilés........	
5º	sergents ou maréchaux des logis et caporaux ou brigadiers-fourriers et assimilés..	
6º	caporaux ou brigadiers, soldats et enfants de troupe............	
7º	chevaux et mulets..	

NOTA. Les trajets en chemins de fer doivent avoir lieu *sans désemparer*. Les arrêts en cours de transport ne pourront être produits que pour *cause de force majeure* constatée par le commissaire d'étapes où par le commissaire de surveillance et, à *défaut*, par le chef de gare.

A , le 18 .

(Signature :)

(1) (Grade) commandant le ...ᵉ régiment d.. ou le bureau de recrutement.

(2) En toutes lettres.

TABLEAU TENANT LIEU DE FEUILLE DE JOURNÉES, PRÉSENTANT :
1° POUR CHACUNE DES JOURNÉES PASSÉES EN ROUTE, L'EFFECTIF DES HOMMES PRÉSENTS ;
2° LE DÉCOMPTE DE L'INDEMNITÉ DE ROUTE ATTRIBUÉE AUX TROUPES EN MARCHE.

REPORT DE L'ITINÉRAIRE D'AUTRE PART.		EFFECTIF DONNANT LE NOMBRE DE JOURNÉES PASSÉES EN ROUTE PAR					REPORT DE L'ITINÉRAIRE D'AUTRE PART.		EFFECTIF DONNANT LE NOMBRE DE JOURNÉES PASSÉES EN ROUTE PAR				
		les officiers		la troupe,					les officiers		la troupe,		
Dates.	Noms des gîtes d'étapes.	supérieurs.	inférieurs.	adjudants et assimilés.	sergents-majors ou maréchaux des logis chefs ; sergents ou maréchaux des logis et fourriers et assimilés.	caporaux ou brigadiers, soldats et enfants de troupe.	Dates.	Noms des gîtes d'étapes.	supérieurs.	inférieurs.	adjudants et assimilés.	sergents-majors ou maréchaux des logis chefs ; sergents ou maréchaux des logis et fourriers et assimilés.	caporaux ou brigadiers, soldats et enfants de troupe.
								Report.......					
	A reporter....												

TOTAUX, par grade, des journées passées en route..............					
QUOTITÉ des allocations..............................	5 00	3 00	0 85	0 25	0 10
DÉCOMPTE des allocations en deniers..................					
MONTANT des sommes dues au détachement................					

CERTIFIÉ par nous, Trésorier soussigné, le décompte qui précède, duquel il résulte que le montant de l'indemnité de route en détachement due aux militaires compris dans l'effectif mentionné ci-dessus s'élève à la somme de

VÉRIFIÉ par nous, Major :
(Signature :)

A , le 18 .
(Signature :)

TABLEAU PRÉSENTANT LES MUTATIONS DES HOMMES ET DES CHEVAUX

SURVENUES PENDANT LE COURS DE LA ROUTE.

(Les mutations seront indiquées d'une manière très sommaire.)

NUMÉROS des		NUMÉROS ma-tricules.	NOMS DES HOMMES et des chevaux.	GRADES. SEXE des chevaux.	GAINS ET PERTES.		NUMÉROS des		NUMÉROS ma-tricules.	NOMS DES HOMMES et des chevaux.	GRADES. SEXE des chevaux.	GAINS ET PERTES.	
bataillons ou escadrons.	compagnies ou batteries.				MOTIFS.	DATES.	bataillons ou escadrons.	compagnies ou batteries.				MOTIFS.	DATES.

Je soussigné, commandant le détachement, certifie qu'il m'a été remis un billet collectif par la compagnie d

pour le transport jusqu'à

du personnel et du matériel indiqués au recto.

A
le 18 .

MUTATIONS SURVENUES PENDANT LA ROUTE.

DÉSIGNATION des stations où les mutations ont été effectuées.	NATURE ET MOTIFS DES MUTATIONS.	MILITAIRES occupant des places de			CHEVAUX et mulets	VOITURES, caissons et prolonges		POIDS	
		1re classe.	2e classe.	3e classe.		à 2 roues	à 4 roues	des bagages.	du matériel, approvisionnements, etc.

NOTA. Le présent tableau n'est rempli et signé qu'en cas de mutations pendant la route.
Les ratures et surcharges doivent être rigoureusement approuvées.

A , le 18 .

L'Agent du chemin de fer, *Le Chef du détachement,*

MINISTÈRE DE LA GUERRE.

Je soussigné, commandant le détachement, certifie qu'il m'a été remis un billet collectif par la compagnie d

pour le transport jusqu'à

du personnel et du matériel indiqués au recto.

A
le 18 .

MUTATIONS SURVENUES PENDANT LA ROUTE.

DÉSIGNATION des stations où les mutations ont été effectuées.	NATURE ET MOTIFS DES MUTATIONS.	MILITAIRES occupant des places de			CHEVAUX et mulets	VOITURES, caissons et prolonges		POIDS	
		1re classe.	2e classe.	3e classe.		à 2 roues	à 4 roues	des bagages.	du matériel, approvisionnements, etc.

NOTA. Le présent tableau n'est rempli et signé qu'en cas de mutations pendant la route.
Les ratures et surcharges doivent être rigoureusement approuvées.

A , le 18 .

L'Agent du chemin de fer, *Le Chef du détachement,*

MINISTÈRE DE LA GUERRE.

Je soussigné, commandant le détachement, certifie qu'il m'a été remis un billet collectif par la compagnie d

pour le transport jusqu'à

du personnel et du matériel indiqués au recto.

A
le 18 .

MUTATIONS SURVENUES PENDANT LA ROUTE.

DÉSIGNATION des stations où les mutations ont été effectuées.	NATURE ET MOTIFS DES MUTATIONS.	MILITAIRES occupant des places de			CHEVAUX et mulets	VOITURES, caissons et prolonges		POIDS	
		1re classe.	2e classe.	3e classe.		à 2 roues	à 4 roues	des bagages.	du matériel, approvisionnements, etc.

NOTA. Le présent tableau n'est rempli et signé qu'en cas de mutations pendant la route.
Les ratures et surcharges doivent être rigoureusement approuvées.

A , le 18 .

L'Agent du chemin de fer, *Le Chef du détachement,*

* Corps d'armée — Série
* Division — Registre
Place d — Feuillet

AVIS

de délivrance d'ordre de mouvement rapide de militaire isolé, délivré à

Corps.... | | Bataillon. Escadron. Compagnie. Batterie.

Mutations.

Partant d
le pour se rendre à
département d
passant par

A , le 18 .

Le

MINISTÈRE DE LA GUERRE

* Corps d'armée . — Série
* Division — Registre
Place d — Feuillet

SOUCHE

de l'ordre de mouvement rapide délivré à

Corps.... | | Bataillon. Escadron. Compagnie. Batterie.

Mutations.

Partant d
le pour se rendre à
département d
passant par

IL LUI A ÉTÉ REMIS :

1° bons pour les parcours à effectuer en chemin de fer, dont :
1 — Ligne de
1 — Ligne de
1 — Ligne de
2° Une somme de

pour sa nourriture pendant jours.

A , le 18 .

Le

NOTA. — Les bons de chemin de fer nécessaires pour effectuer le transport sont détachés de la souche, mais de façon à ce qu'ils restent adhérents à l'ordre de mouvement.
L'avis de délivrance d'ordre de mouvement est également détaché du registre, lorsque l'ordre de mouvement est délivré, pour être adressé sur-le-champ au sous-intendant militaire chargé de la surveillance administrative du corps.

CHEMIN DE FER D

Bon pour un billet de * classe, pour le parcours d
délivré à
au

A , le 18 .

Le

Série
Registre
Feuillet

NOTA. — Ce bon ne doit être détaché qu'à la gare par l'employé du guichet.

MINISTÈRE DE LA GUERRE.

CHEMIN DE FER D

Bon pour un billet de * classe, pour le parcours d
délivré à
au

A , le 18 .

Le

Série
Registre
Feuillet

NOTA. — Ce bon ne doit être détaché qu'à la gare par l'employé du guichet.

MINISTÈRE DE LA GUERRE.

CHEMIN DE FER D

Bon pour un billet de * classe, pour le parcours d
délivré à
au

A , le 18 .

Le

Série
Registre
Feuillet

NOTA. — Ce bon ne doit être détaché qu'à la gare par l'employé du guichet.

MINISTÈRE DE LA GUERRE.

CHEMIN DE FER D

Bon pour un billet de * classe, pour le parcours d
délivré à
au

A , le 18 .

Le

Série
Registre
Feuillet

NOTA. — Ce bon ne doit être détaché qu'à la gare par l'employé du guichet.

N° 124 de la Nomencla[ture]

* CORPS D'ARMÉE.
* DIVISION
PLACE
d

Série
Registre
Feuillet

MODÈLE n° 2.
Article 5 du décret du 18 juil[let]

ORDRE DE MOUVEMENT RAPIDE
DE MILITAIRE ISOLÉ

DÉLIVRÉ À :

Nom
Prénoms
Grade

Corps............... | | * bataillon. * escadron. * compagnie. * batterie.

Mutation............

Partant d , le 18 , pour se [rendre] à département d en passant par

Ce aura droit au logement,

Il a reçu pour ses parcours successifs :

1° bons de chemin de fer, savoir :
au titre de la compagnie de 1 bon pour se rendre de à
au titre de la compagnie de 1 bon pour se rendre de à
au titre de la compagnie de 1 bon pour se rendre de à

TOTAL..........................

2° la somme de
pour indemnité de route, savoir :
pour journées de route donnant droit à l'indemnité journalière
pour distances d'étapes franchies de à
pour séjours en route.

NOMBRE d'étapes, de journées de route ou de séjour.	FIXATION.

Indemnité fixe de transport..........

Somme à payer.........

SIGNATURE DU TITULAIRE de la feuille de route.

Devra arriver à destination
le 18 .

Délivré par nous (1)
le présent ordre de mouvement rapide.

A , le 18

(1) (Grade) commandant le * régiment de ou le bureau de recrutement

VISA ET MANDATS DÉLIVRÉS.	VISA ET MANDATS DÉLIVRÉS.

INSTRUCTION ET PÉNALITÉS.

ions administratives. — L'ordre du mouvement rapide e isolé est délivré par le chef de corps ou par le com- du bureau de recrutement, dans les conditions spécifiées lement sur le service des frais de route.

remplace la feuille de route réglementaire; il est ac- , quand il y a lieu, des bons de chemin de fer néces- r effectuer le transport du militaire jusqu'à destination.

du mouvement rapide est détaché d'un registre à ais de façon à ce que les bons de chemin de fer à dé- eurent adhérents audit ordre de mouvement.

tion est faite au militaire porteur de ce titre de détacher es bons de chemins de fer. Il doit présenter l'ordre de it rapide, et les bons qui y ont été laissés attenants, au chemin de fer, en demandant son billet de place au le son départ, ou lorsque, pendant sa route, il doit le ligne. Le receveur détache l'un des bons et rend mouvement avec un billet de place, sans que le mili- verser le prix de cette place.

n de chemin de fer présenté isolé est considéré comme é et retiré par le receveur du chemin de fer, sans pré- peines encourues par le détenteur du bon.

rivée à destination du titulaire de l'ordre de mouve- e pièce doit être soumise au visa du sous-intendant u de son suppléant, selon les formalités prescrites par nt sur le service de la solde.

---

ons pénales. — Le militaire qui se présente ou qui est sans titres en bonne forme, ou hors de la direction de 'il doit tenir, est remis entre les mains de l'autorité qui, selon les circonstances, le dirige sur sa destination ont, soit sous la conduite de la gendarmerie.

Celui qui a perdu son ordre de mouvement en fait la déclaration à la mairie du premier gîte, en désignant la date, le lieu de délivrance et le signataire. S'il produit des titres authentiques justifiant la qualité qu'il a prise dans sa déclaration, le maire lui en donne acte, avec un sauf-conduit pour aller jusqu'à la résidence la plus rapprochée d'un commandant de bureau de recrutement, d'un sous-intendant militaire ou d'un suppléant, où sa position est examinée suivant ce qui a été dit ci-dessus.

Il est interdit à tout militaire, sous les peines les plus sévères, de se dessaisir de l'ordre de mouvement rapide, de faire trafic des bons de chemins de fer ou de les donner à qui que ce soit.

Celui qui ne se comporte pas avec décence vis-à-vis de ses hôtes, ou qui exige d'eux autre chose que le lit qu'ils lui désignent et place au feu et à la chandelle, est sur-le-champ dénoncé aux autorités locales pour être arrêté et conduit de brigade en brigade.

Celui qui se permet le moindre dégât dans son logement ou dans tout autre lieu est arrêté et conduit comme il vient d'être dit. Il est, en outre, pécuniairement responsable des conséquences du dégât par lui commis.

Les autorités civiles et militaires font arrêter tout homme porteur d'un ordre de mouvement présentant des surcharges dans l'écriture ou une altération quelconque; elles le font conduire, de brigade en brigade, à l'autorité militaire, qui prend ou fait prendre par le général commandant une décision à son égard.

Tout militaire qui n'arrive pas à destination dans les délais qui lui sont assignés par son ordre de mouvement est puni disciplinairement.

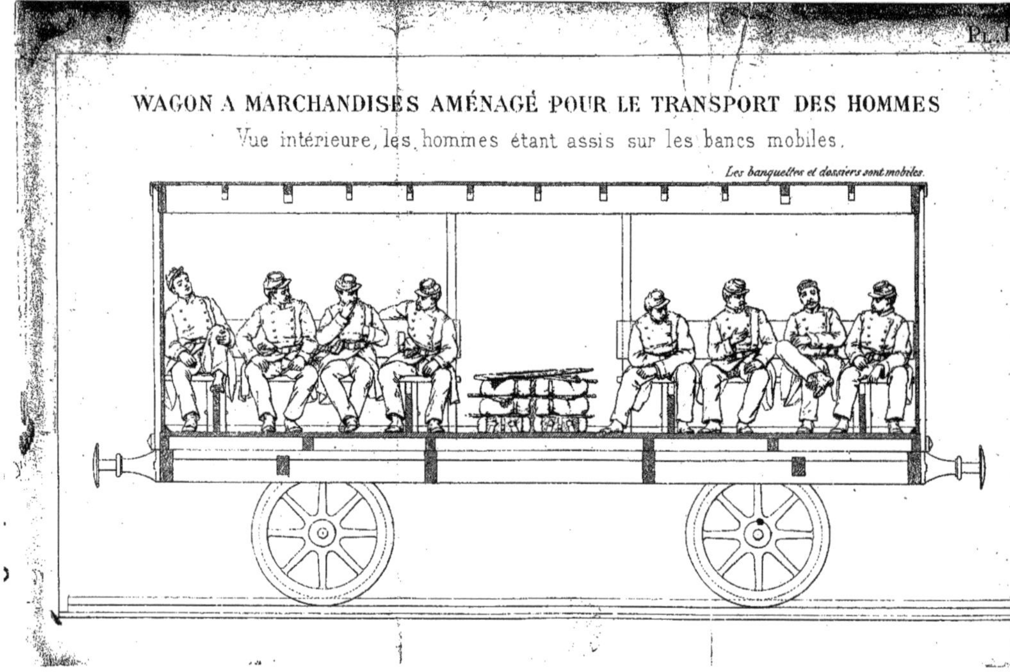
PL. I
WAGON A MARCHANDISES AMÉNAGÉ POUR LE TRANSPORT DES HOMMES
Vue intérieure, les hommes étant assis sur les bancs mobiles.
Les banquettes et dossiers sont mobiles.

Wagon aménagé avec des bancs mobiles.

Coupe transversale.

Pl. II.

Bancs mobiles.

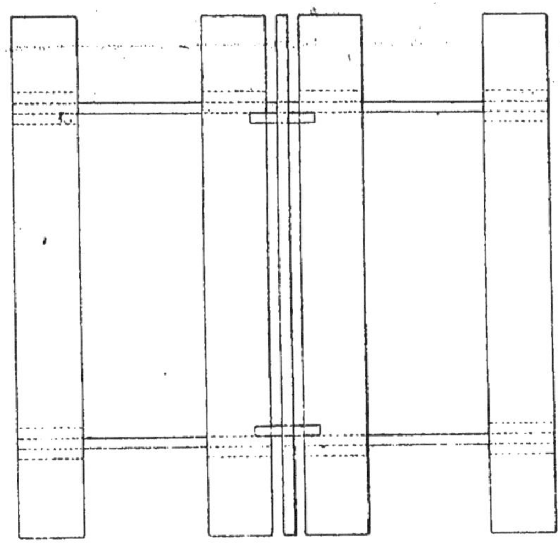

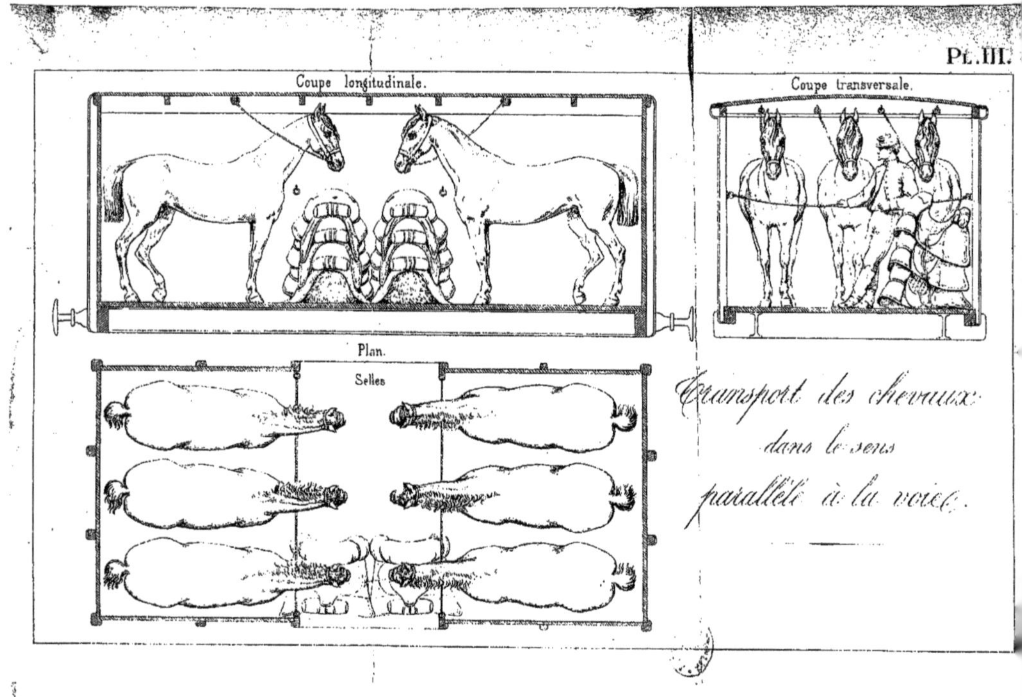
Coupe longitudinale.
Coupe transversale.
Plan.
Selles
Transport des chevaux
dans le sens
parallèle à la voie.

Transport des chevaux dans le sens perpendiculaire à la voie.

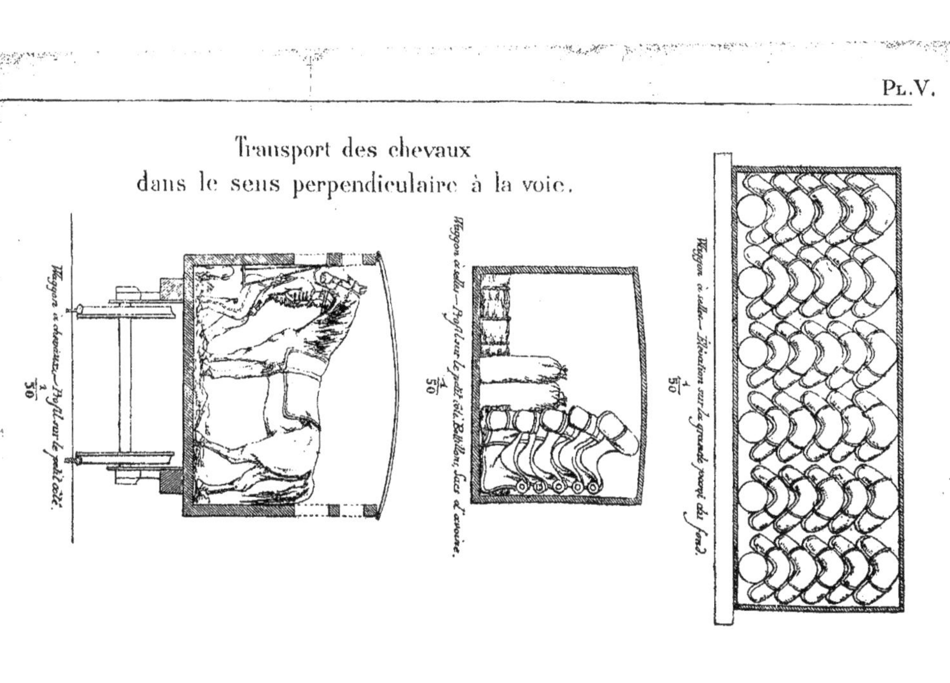

PL. IV.

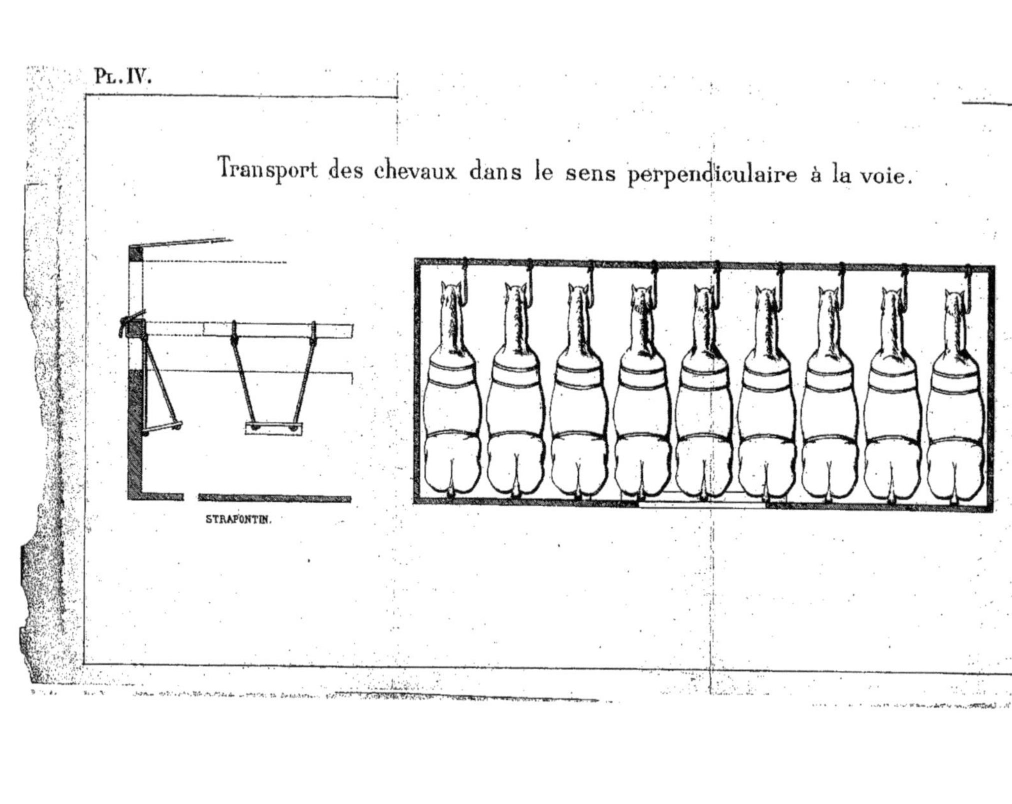
Transport des chevaux dans le sens perpendiculaire à la voie.
STRAPONTIN.

PL. VI.

RAMPE MOBILE EN CHARPENTE.
Fig. 1.
Fig. 2.
Fig. 3.
Fig. 4.
Fig. 5.
Fig. 6.
Fig. 7.
Fig. 9.
Fig. 10.
Fig. 8.
Seau en toile.

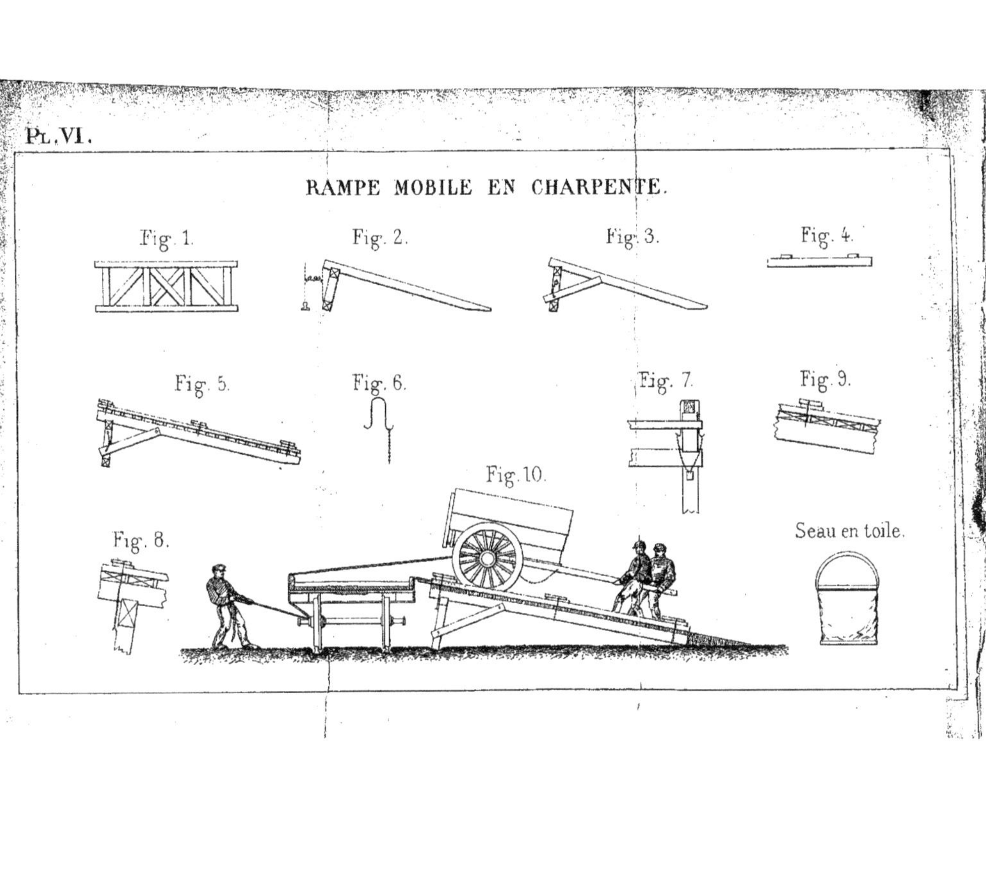

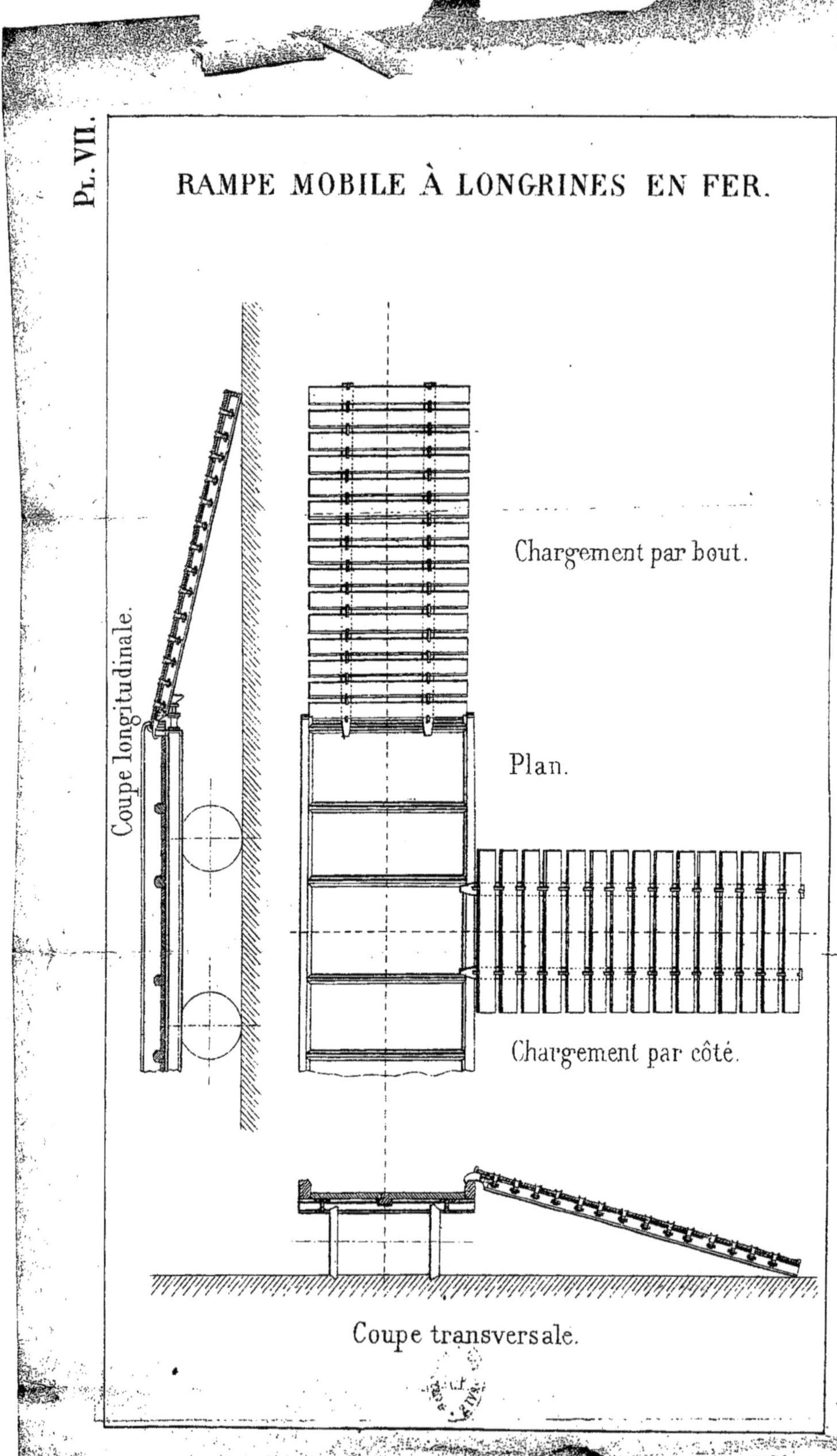
Pl. VII.
RAMPE MOBILE À LONGRINES EN FER.
Coupe longitudinale.
Chargement par bout.
Plan.
Chargement par côté.
Coupe transversale.

Pl. VIII.

Coupe suivant AB.
Plan
PONT VOLANT
1m 400
95
140
220
220
220
220
140
95
A
B
700
670
480
510
65
65
60

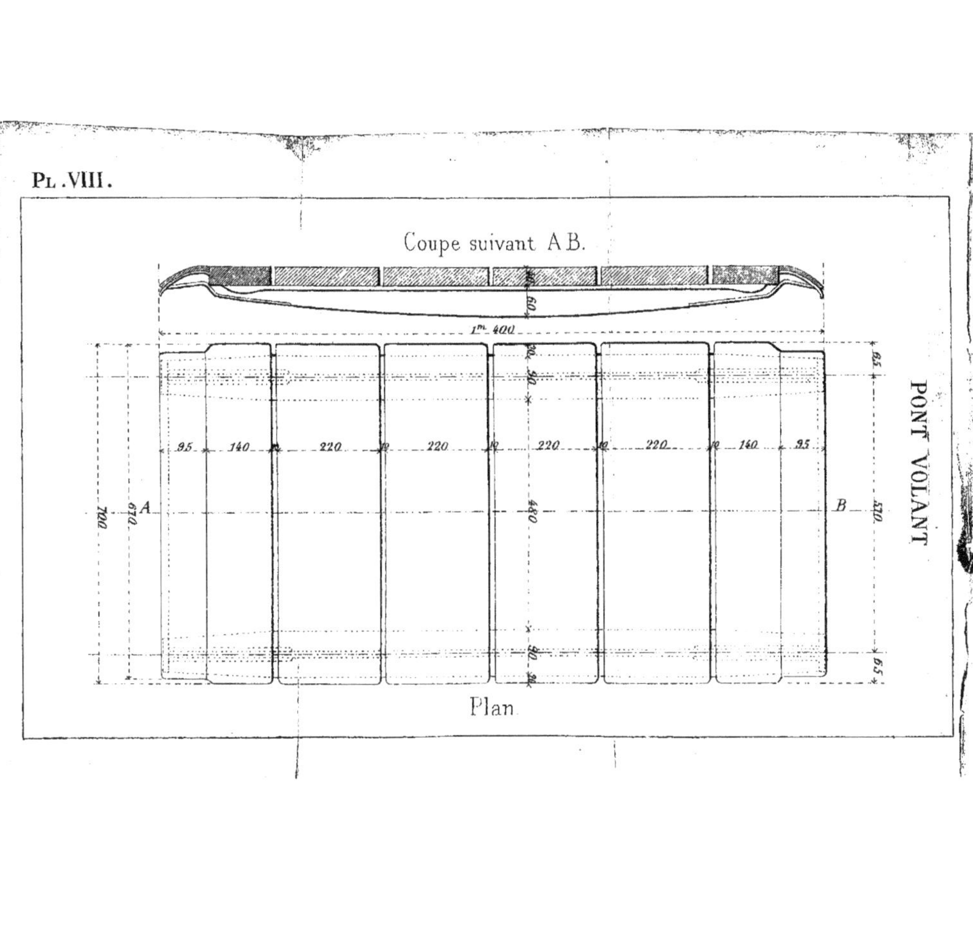

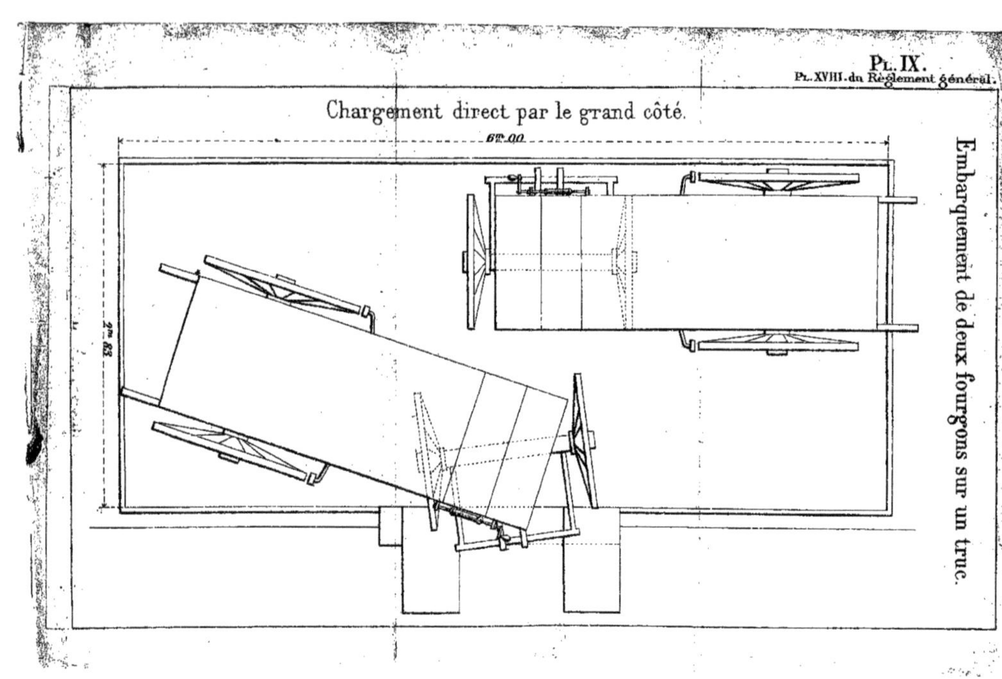

Pl. IX.
Pl. XVIII du Règlement général.
Chargement direct par le grand côté.
6m.00
2m.83
Embarquement de deux fourgons sur un truc.

Pl. V
Chargement d'un fourgon à 4 roues
et d'une voiture à 2 roues sur une plate-forme (modèle Nord)
de 5m 31 de longueur de caisse.
Élévation.
Plan.

www.ingramcontent.com/pod-product-compliance
Ingram Content Group UK Ltd.
Pitfield, Milton Keynes, MK11 3LW, UK
UKHW020330230726
13925UKWH00002B/713